低头生气，不如抬头争气

【怨天尤人，只会增加自己的烦恼。
倒不如把所有的"怨气"用到激发自己的斗志上。】

宋师道⊙编著

中国华侨出版社

图书在版编目（CIP）数据

低头生气，不如抬头争气 / 宋师道编著. —北京：中国
华侨出版社，2014.6

ISBN 978-7-5113-4682-7

Ⅰ. ①低… Ⅱ. ①宋… Ⅲ. ①人生哲学—通俗读物
Ⅳ. ①B821-49

中国版本图书馆 CIP 数据核字（2014）第 112450 号

● 低头生气，不如抬头争气

编　　著 / 宋师道

责任编辑 / 文　慧

责任校对 / 王京燕

装帧设计 / 倪　捷

经　　销 / 新华书店

开　　本 / 710 毫米×1000 毫米　1/16　印张 /17　字数 /212 千字

印　　刷 / 北京柯蓝博泰印务有限公司

版　　次 / 2014 年 9 月第 1 版　2015 年 5 月第 2 次印刷

书　　号 / ISBN 978-7-5113-4682-7

定　　价 / 32.00 元

中国华侨出版社　北京市朝阳区静安里 26 号通成达大厦 3 层　邮编：100028

法律顾问：陈鹰律师事务所　　　　编辑部：（010）64443056　　64443979

发行部：（010）64443051　　　　传　真：（010）64439708

网　址：www.oveaschin.com　　　E-mail：oveaschin@sina.com

愚蠢的人只会低头生气，而智慧的人懂得抬头争气！当你遇到烦恼、苦痛时，不要垂头丧气，而要平心静气，当你遇到他人的嘲讽、愚弄时，不要斗气或赌气，而要大气和气；当你遇到强大的阻挠与牵绊时，不要畏惧怯气，而要自强争气！

一位作家说过："争气永远比生气漂亮和美丽。"人生总是千姿百态，有顺境，也有逆境，有巅峰，也有低洼。糊涂的人只顾低头生气，而聪明的人懂得抬头争气。"低头生气，不如抬头争气"是一种智慧，是一种力量，是强者的生存姿态。印度诗人泰戈尔也曾经说过："不让自己快乐起来是人最大的罪过。"生气就是跟自己过不去，这也说明你还没有资本去让别人对你信服。不懂得去争取、去改变，只会怨天尤人——你注定无法成为快乐的人；而争气就不同了，它会使人充满斗志，会积极地改变现状，摆正自己的心态、平心静气、积极上进，使自己做得更好，赢得别人的喝彩。

《低头生气，不如抬头争气》一书，内容共分十章，旨在告诉我们：一个有智慧的人，必定是个懂得"生气不如争气，抱怨不如改变"的有福人；必定是个懂得"低头拉车，还要抬头看路"的明白人；必定是个"计较的少，奉献的多"的快乐人；必定是个"知进退、知大势"的智慧人；必定是个"发挥自身优势，创造辉煌人生"的聪明人。这是一本鼓舞人心、激励志向、充满智慧的经典励志书。

其语言生动、逻辑缜密，道理与故事相结合，充满哲理、充满寓意又构思巧妙，深入浅出地告诉我们当你受到无端的误解和非议，当你徘徊在人生的岔路迷茫不前时，唯有争气才有可能突破困境，才能获得肯定。

本书引导着每个仍在探索成功之路的人，如何争气地去实现自己成功的梦想。让你在阅读之余感受心灵的虚静与旷达，领略生命价值的熔铸与升腾。相信当你读完这本书的时候，你会受益匪浅，你会收获人生中的奇迹，你会获取走向成功的智慧，使你快步踏上成功之路！

目录

CONTENTS

第一章

糊涂的人只会生气，
聪明的人懂得争气

　　俗话说：人生不如意之事常十之八九，糊涂的人一味地去生气，而聪明的人懂得去争气。遇事一味地生气，是一种消极、愚蒙的表现，最终受伤害的也只有你自己。然而，聪明的人懂得把一味生气的时间和精力，放在自己的工作、学习和事业上，让自己的知识领域拓宽，让自己睿智起来，使自己变得更强大，最终成就自己辉煌的人生。

1. 与其"认命"，不如"拼命"

对于茫茫的宇宙而言，人生就如同一颗流星，一闪而过。人生可以短暂，但绝不可以暗淡或沉沦。沉沦的人生没有光彩，只有拒绝沉没，才能书写辉煌。很多时候，我们在下意识中并不相信自己可以得到梦想中的东西，因此不会采取行动去努力争取，而甘心做一个"认命"的人。"认命"的人，不会摆脱不幸，不会消减不幸，不会驱走不幸。只有拼命的人，才能使不幸变成幸运，才能把失败转化为成功！

俗话说："人争一口气，佛争一炷香。"命运掌握在自己的手中，依靠自己去开创人生的一片天空，去做命运的主人。永远也不要听天由命，而要做生活的强者，让自己为命运开路。

英国诗人威廉·埃内斯特·亨利在《不可征服》一诗中写道：

夜幕中我独自彷徨，无边的旷野一片幽鸣。感谢万能的上苍，赐给我倔强的心灵。任凭恶浪冲破堤坝，绝不畏缩，绝不哭泣。任凭命运百般作弄，血可流，头不可低。在这充满悲愤的土地，恐怖幽灵步步已趋，纵使阴霾常年聚集，始终无法令我畏惧。且不管旅途是否顺畅平稳，不管承受多么深重的创伤，我是我命运的主人，我是我灵魂的船长！

是的，我是我命运的主人，我是我灵魂的船长。臣服于不幸的人，不会驱走不幸；回避不幸的人，不会摆脱不幸；诅咒不幸的人，不会避让不幸；悲叹不幸的人，不会消减不幸。只有做命运主人的人，才能扼住命运的咽喉，才能从失败走向成功，并彻底地改变自己的人生际遇。

每个人都有欲望和梦想，但有些人会认为人生是上天安排的，这便是成功总是钟情于那些执着于梦想的人的重要原因之一。失败者总相信："我的命，天注定。"于是，一生在失志、失意中默默无闻地度过。而成功者永远坚信："我把握我的命运，我创造我的人生。"于是，困难在他面前低头，成功向他招手。

世界游泳冠军摩拉里就是一个与其认命不如拼命的人。在他很小的时候，他心中就充满了想成为一名游泳运动员的梦想，梦想着即将到来的鏖战时刻。

在 1984 年洛杉矶奥运会之前，摩拉里已经跻身于最优秀的参赛选手之列。但令人遗憾的是，在赛场上，他发挥欠佳，只获得一枚银牌，与冠军擦肩而过。但他没有灰心丧气，从光荣的梦想中淡出之后，他把目标瞄准了 1988 年的汉城奥运会。然而，在汉城奥运会的预选赛上他被淘汰了，梦想宣告破灭。从此，被淘汰成了他心中永远的痛，在接下来的三年时间里，他没去游泳池游过一次泳。

永远不服输的摩拉里，虽然遭受了这样的打击，但是在他的心中并没有认命，自始至终都有一股燃烧的烈焰。于是，他痛定思痛，决定重新再来一次，他便把目标放在了 1992 年的巴塞罗那奥运会上。但是离奥运会比赛还剩不到一年的时间，并且他已经 30 岁了，在游泳比赛中，30 岁已经算是高龄了，摩拉里脱离体育运动已久，再在百米蝶泳的比赛中与那些优秀的年轻运动员们拼搏，在别人看来有些不自量力。

决定孤注一掷的他，在预赛中的成绩比世界纪录慢了一秒多。因此，他努力为自己加油打气，希望在决赛中取得好成绩。在决赛时，他的速度果然是不可思议地快，一路遥遥领先。最终，他不仅夺得了冠军，还打破了世界纪录。

"拼命"是一种勇气，是一种力量，是生存的一种姿态，是强者的风范。翻开历史的长卷，我们不难发现：凡是有所成就的人，无论是在政治、经济、文化方面，还是在其他领域，无不是勇于向命运挑战而积极拼命的人，他们在"拼命"中缔造了辉煌。

一个人的内心蕴藏着无穷无尽的力量，若是自甘埋没，认为这是我不热衷的，那是我不擅长的，或是命中注定的，为了避免失败和挫折而放弃一些难得的机会，就会埋没自己的才能。只有敢于挺身而出，勇于面对挫折和磨难，把心中所有的意念都浓缩到一点，才能屡败屡战，屡战屡胜。

一个假期，爸爸带着五岁的小男孩去郊区度假。因为小男孩喜欢玩，父亲就给他买了一个风筝，可是到了郊区没有风，小男孩怎么也不能让风筝飞起来。于是他非常沮丧，一屁股坐在草地上，哭了起来。

父亲看到后，赶紧跑了过去问他："为什么要哭，而不是让风筝飞起来呢？"

"没有风，风筝飞不起来。"小男孩哭着说道。

"你自己不是一股风吗？"父亲反问道。

"我自己就是一股风？"

"对，你跑起来，不就是一股风吗？"

与其抱怨，不如振奋起来去行动；与其认命，不如拼命。软弱的人，只会认命；坚强的人，却会拼命。面对困难，低头不如抬头；面对命运，认命不如拼命。

【低头生气，不如抬头争气】

贝多芬说："我要扼住命运的咽喉，绝不让它征服我。"居里夫人也说："我的最高原则就是：不论对任何困难都决不屈服！"培根说："人的命运掌握在自己手中。"环看人世风景，无不千奇百怪，峰回路转，"与其认命，不如拼命"，这是历久不衰的人生成功定律。

2. 用"汗水"代替"泪水"

泪水，是无数次的打击、失败后用来发泄情绪的最好方法，但它也是逃避问题，软弱、无能的一种表现，而汗水，常常是努力和辛苦的付出。人生因泪水而失败的人，是因为他们舍弃了汗水；而人生因泪水而成功的人，是因为他们舍弃了泪水，选择了汗水。

人生中，曾流过多少汗水和泪水。虽然汗水和泪水都是涩而咸的，但两者所获得的结果不同，泪水只会模糊前进的方向，而汗水才能浇灌出成功的希望。

在人们追求理想的过程中，总会有些人、有些事对你产生各种打击，这些打击对于有些人是当头一棒，他们便会躲起来哭个你死我活，直到流干眼泪，致使自己变成不堪一击、懦弱的人，甚至因此而堕落，然而那些永摧不折，坚强的人会从痛苦之中站起来，用汗水来代替泪水，于是泪水也造就了不同的两种人生！

喜马拉雅山南麓经常有外国游人来这里观光旅游。一天，几名美国游客来到这里参观，休息期间，他们想喝点啤酒，可是对这里又不熟悉，不知道去哪儿买。这时，卡瓦说他愿意为他们效劳。就这样，三个小时后卡瓦为他们买来了8灌啤酒。第二次，卡瓦又替他们买来了啤酒，这次，其中的一个游客给了他很多钱，一部分是用来买啤酒的，一部分是犒赏他的。有的游客却说，不能因为上次小男孩帮着买啤酒，这次就相信他，但那个游客还是把钱给了卡瓦。可是这次，三个小时过去了、四个小时过去了……仍然不见卡瓦的踪影。游客们就纷纷议论说："看吧，你被骗了。"而那个游客也自嘲地说："我竟被一个小男孩骗了。"大家都认为卡瓦不会再回来了，可是到了深夜，卡瓦却敲开了他们的房门。大家看到是小男孩，只见他全身湿透了，脸上的血还在流。大家都不知道到底发生了什么事。

原来，这次卡瓦只买到了四瓶啤酒，如果要买齐八瓶的话，就得翻过一座山，然后再蹚过一条河到另一个商铺去买。当他正准备过河时，他一不小心掉进了河里，由于河流湍急，他被冲出了很远，他急得哭了出来。这时，他想起了爷爷告诉他的话："在困难挫折面前，泪水帮不了你任何忙。"于是他奋力抓住一根树藤，一点一点地往上爬，最后上了岸，在寒冷和疼痛中为游客买回了啤酒。

那个美国游客听完事情的缘由后非常感动，决定把他留在自己的身边。美国游客将他带回美国，并对他加以指导训练，最后委以重任，再后来卡瓦成为那个美国人的接班人。卡瓦在以后的挫折中，永远都是用努力和汗水去抵挡风雨。

流汗的人生是充实的，流泪的人生是空虚的。一个人遇事不流汗，而一味地流泪，那是弱者。流泪最多只能换回些许同情，于事无补，而流汗却可以让你绝处逢生，赢得成功。人生有顺境，也有逆境，有巅峰，也有低谷。得意时趾高气扬，失意时垂头丧气，都是浅薄的人生。面对挫折，如果只是一味地抱怨、流泪，不仅于事无补，还会贬低自己的价值。与其在泪水中消耗自己，不如在汗水中拼搏机遇。

在美国有这样一个坚强的孩子，在他很小的时候，发生了一件不幸的事情：一次，他与小伙伴去密苏里州的一间废弃的阁楼上玩耍，由于玩得太过兴奋，一不小心，他从阁楼上掉了下来。手指上因为偷戴着妈妈的一枚戒指，在滑落的过程中恰好戒指勾住了一根钉子，一股强大的力量将他的整个手指都拖拽了下来。他疼得大声吼叫，鲜血直流，所有的孩子都被吓到了，这个孩子认为自己一定活不了了。然而，他却坚强地活了下来，虽然他失去了一根手指。

他是一个极为坚强的孩子，经过长时间的治疗，他的伤终于好了，他也再没有为失去一根手指而烦恼过，因为他知道，烦恼没有用，他就接受了这个不可能改变的事实。他根本没有为此流过泪。

后来，他凭借自身的努力，开创了全新的社会学，被尊为社会学大师。他就是美国家喻户晓的拿破仑·希尔。

在很多人的成长过程中，有汗水、有泪水、有艰辛、有失落，但是他们凭借顽强的意志坚持了下来，他们将泪水摒弃，用汗水浇灌，让挫折成为一个小小的过往，最终抒写了美好的人生篇章。

在岁月的长河中，我们每个人都会遇到一些令人不快的情况或麻烦的事情。在这个时候，与其悲伤、流泪，不如乐观地接受它，并通过自己的努力去改变它。

【低头生气，不如抬头争气】

当遇到困难、挫折时，有人会选择一个人伤心地流下泪水，或是大哭一场，但泪水掩饰不了心中的痛苦。若你想要成为一个受人尊重的人，就必须要用汗水代替泪水，用坚强代替软弱，擦干泪水，用汗水迎接美好的明天。

3. 在哪里跌倒，就在哪里爬起来

人生有顺境，也有逆境，有巅峰，也有低洼。面对人生中无处不在的逆境，要有"不向命运低头"的顽强韧性；面对奋斗路上的不断失败，要有"爱拼才会赢"的无畏勇气；面对人生路上时时刻刻都有可能将你绊倒的低洼，要有"哪里跌倒，就在哪里爬起来"的坚定信念。

华罗庚辍学后勤奋自学，写出了名著《堆垒素数论》，铸造了自己在数学史上的地位；陈平受辱后闭门读书，最终得到了刘邦的赏识，成就了自己的一番霸业；司马光遭受别人的耻笑后勤奋自学，写出了《资治通鉴》，成就了自己在史书上的地位。人生从来不是一帆风顺，总会有些磕磕碰碰，遇到了困难挫折而摔倒，虽然很痛，不过没事。只要你能在原地爬起，擦去身上的污渍，继续勇敢地向前。那样，你还是一个不屈不挠的志士。

史泰龙，美国著名的电影巨星，以《洛奇》这部电影红遍全世界。但谁也不会想到他成名之前，却是一位穷困潦倒的人，即使当他把身上全部的钱加起来也不够买一件像样的衣服，他为何能当上电影巨星呢？

当时，好莱坞共有五百多家电影公司，他再清楚不过了。根据他自己认真划定的路线与排列好的电影公司名单顺序，带着自己量身打造的剧本，他开始一家一家地去拜访。但第一轮下来，500家电影公司没有一家愿意聘用他，甚至有的连剧本都没看，就叫他出去。

面对百分之百被人拒绝后，他并没有灰心，从最后一家被拒绝的公司出来，他又从第一家开始，继续他的第二轮拜访与自我推荐。在第二轮的拜访中，500家电影公司再一次拒绝了他。第三轮的拜访结果仍与第二轮一样。

他咬牙开始他的第四轮拜访，当拜访完第349家以后，第350家电影公司的老板破天荒地答应愿意让他留下剧本先看一看。

几天后，他收到通知，请他前去详谈，就在这次交谈中，电影公司决定投资拍摄这部电影，并且请他担任男主角。这部电影名叫《洛奇》。

如果不是在跌倒后爬起来，史泰龙的人生怎么会如此精彩。人生之路，漫长而且坎坷，因此遭受挫折、困难、失败、打击在所难免。失败本身并不可怕，可怕的是失败之后丧失了继续奋斗下去的决心和勇气，所有的胜利者，必定是经过千辛万苦和艰苦努力才最终成功的。在哪里跌倒，就在哪里爬起来，最终必能感受到胜利的欢笑。

从哈佛大学毕业的肯尼迪一直是全美国人的骄傲，同时他也是哈佛的骄傲，为了纪念这位伟大的人物，哈佛大学甚至专门建立了肯尼迪政治学院。然而，肯尼迪总统的成功是与父亲对他的教导分不开的。肯尼迪的父亲从肯尼迪小时候就注意培养他坚韧的性格和不怕失败的心态。

有一次父亲赶着马车带肯尼迪出去游玩。在一个拐弯处，因为马车速度快，猛地把肯尼迪甩了出去。当马车停住时，肯尼迪还保持摔倒的姿势躺在地上，因为他以为父亲肯定会下来扶他的，但父亲却坐在马车上慢悠悠地掏出烟斗，开始吸起烟来。

肯尼迪叫道："爸爸，快来帮我。"

"你摔疼了吗？"父亲问。

"是的，我觉得可能我的腿断了。"肯尼迪带着哭腔说。"那也要坚持站起来，重新爬上马车。"父亲斩钉截铁地说。

于是肯尼迪只好挣扎着自己站起来，摇摇晃晃地走近马车，艰难地爬上去。

父亲挥舞着鞭子问："你知道为什么我不去帮你吗？"肯尼迪摇了摇头。父亲接着说："以后你要走的路还很长，你的人生将会重复跌倒、爬起、奔跑、再跌倒、再爬起……因此，在任何时候你都不能害怕失败，要学会一切靠自己完成，没人会去扶你的。"

从那以后，父亲对肯尼迪的教育更为严厉，并经常带着他参加一些大型社交活动，教他学习怎样礼貌地向客人打招呼、道别，等等。

一次，一位客人问肯尼迪的父亲："他还这么小，您这么要求他，是不是太苛刻？"谁料肯尼迪的父亲回答："哦，我这是在训练他当总统呢！"

肯尼迪的成功，源自他从小就被父亲教导，要懂得在自己跌倒的地方爬起来。

人生就像一只小船在汹涌澎湃的海面上行驶。风浪大，挫折多，每一朵浪花都可能是陷阱，是漩涡，是迂回的迷谷。你也许会遇到无数次的暴风雨，但你是否会选择继续前行？如果你想成功，就要去拼搏；如果你想成功，就要去奋斗；如果你想成功，跌倒了，请爬起来！再苦再累，只要坚持往前走，属于你的风景终会出现。

【低头生气，不如抬头争气】

在哪里跌倒，就在哪里爬起来，是不害怕面对失败的一种态度，并且只有这样，才能使自己的人生更加精彩，才能让自己的一生无怨无悔！

4. 争气可成事，生气可败事

人生总是千姿百态，每个人也都只能活一回，生气也是活，不生气也是活，争气也是活，不争气也是活，但是生气时和不生气时活的状态则是阴雨连绵和艳阳高照的差距，争气时和不争气时活的状态则是鼓乐喧天和黯淡无光的区别。

一天，一位来访者问一位智者："人活着为什么？"

智者说："人活着为了呼吸。"来访者点点头，说："智者言之有理。人要是没了呼吸，心脏就停止跳动了；心脏一旦停跳，人不就完了！"

智者说："人活着为了呼吸是大实话。不过，呼吸二字十分深奥。呼与吸，虽然连在一体，但各有一半含意：呼者，为出一口气；吸者，为争一口气！这一'呼'一'吸'，一'出'一'争'，内中就包含了人生的境界和尊严啊！"

人生在世，很多时候我们不得不面对残酷的现实。但无论我们周围的世界怎样地令人痛苦不堪，无论我们心灵的天空如何阴霾密布，我们都应笑对人生，争得一口气。一个人只要能够凡事忍耐，不逞一时之气，在经历一番风霜雪雨后，终能拨云见日，赢得成功。

一只骆驼在沙漠中跋涉着。正午的太阳火辣辣地挂在天空，晒得它又渴又饿，焦急万分，一肚子火不知道该往哪儿发才好。

正在这时，一块玻璃瓶的碎片把它的脚掌刺了一下。疲惫的骆驼顿时火冒三丈，抬起脚狠狠地将碎片踢了出去，却不小心将脚掌划开了一条长长的口子，鲜红的血顿时染红了沙粒。

生气的骆驼一瘸一拐地走着。一路的血迹引来了空中的秃鹰，它们双眼凝视着骆驼。骆驼心里一惊，不顾伤势拼命地跑着。跑着跑着，殷红的鲜血在沙漠中留下了一条长长的血迹。浓重的血腥引来了附近的狼。疲惫再加上流血过多，无力的骆驼只得像只无头苍蝇般四处逃窜，仓皇中跑到了一处食人蚁的巢穴附近。血的腥味惹得食人蚁倾巢出动，黑压压地向骆驼扑过去，一眨眼，就像一块黑色的毯子一下把骆驼裹了个严严实实。不一会儿，可怜的骆驼无力地倒在了血泊中。

临死前，骆驼追悔莫及地哀叹："我为什么要跟一块小小的破玻璃生气呢？"

生气是一种极具破坏性的情绪。当"气"吞噬了你的心灵，灾难将无法阻挡。在生活中，将人们击垮的，有时并不是那些大的灾难，而是我们不善自控的性情。

生气常会败事，它会蒙蔽我们的双眼，冲昏我们的理智，让我们做出错位的判断与决策。三国时的周瑜是个全才，苏东坡有词赞曰："雄发英姿，羽扇纶巾，谈笑间，樯橹灰飞烟灭。"但就是这样一个英才，却因为不抵心中的怒气，最终被活活气死。实在是可笑、可叹、可悲。然而，争气可成事，它会激起我们的斗志，勾践卧薪尝胆20年，忍人所不能忍之辱，最终一雪前耻，创下了人类君王史的奇迹！

有一则西方寓言：

一天，两只饥渴的老虎同时到达平日乘凉喝水的地方，但两只老虎都不肯退让，谁都想喝上第一口水。冲突很快升级，两只老虎终于大打出手。在争斗的过程中，它们突然发现，有一群土狼正恶狠狠地看着它们，等待着失败者跌倒。两只老虎突然醒悟了，它们停止了争斗，各自走开了。

"生气"是人类情绪中的顽疾。生气有时会导致不可思议的后果；生气有时会产生不必要的损失；生气有时甚至会毁灭一切。但是争气却能遏制这一顽疾。"就凭你，能行吗？"人生路上，我们经常会遇到这样的质疑，此刻，需要你说一句："我能行。"永远不要忘记当初的梦想并去坚守它，如果它是天上的星星遥不可及，不妨先让它变成枕边的油灯。

【低头生气，不如抬头争气】

争气可成事，生气可败事。一位著名作家曾说："与其因为别人看扁你而生气，倒不如努力争口气。争气永远比生气漂亮和美丽。"当你受到无端的误解和非议，当你徘徊在人生的岔路，迷茫不前时，当你的心灵忍受着痛苦的煎熬，当你的精神正在崩溃的边缘徘徊，那么在这个时候，"大吸一口气"让你重新走入人生的正轨。

5. 与其诅咒"黑暗"，何不点亮"蜡烛"

与其蛰伏浅湾，不如驾起一叶扁舟；与其临渊羡鱼，不如撒下一张渔网；与其抱怨世态炎凉，不如送人温暖的棉衣；与其诅咒黑暗，不如点亮心中的蜡烛。生活中，每当我们为现状所困，往往黯然神伤，心情就像无边的黑夜一样沉重、孤独，阴暗淤积于胸，变得易怒烦躁，找不到出路，这时，我们需要点亮属于自己的那一盏生命之灯。

世间诸多事情都像黑夜必将会来临一样，是我们所不能控制的，但是，我们可以成为自己心情的主宰者，不让它受一切客观因素的牵引。无论在任何时候，只要为自己点亮心中的蜡烛，就一定能得到战胜一切的力量，走向光明的未来。

一天，一位衣着破烂的独臂乞丐来到一家富翁门前，祈求富翁施舍他一些钱。可是，女主人并没有马上给他，而是叫这位独臂乞丐把院子前的砖头搬到院子后面去，那个独臂乞丐很生气，心想：你不给就不给，还为难我。女主人看出了独臂乞丐的心思，于是，她试着用一只手将一块砖头从前院搬到了后院，然后对他说："用一只手不是也可以搬吗？"独臂乞丐无言以对。最后，独臂乞丐开始搬砖头，一分钟、两分钟……很长一段时间过后，砖头终于搬完了，这时热心的女主人拿出一条干净的毛巾，然后又递给乞丐20美元。独臂乞丐十分感动。女主人只是淡淡地一笑："没什么，这是你靠自己的劳动赚来的。"从此以后，乞丐发誓，一定要通过自己的手赚取每一分钱，十年后，他成为了全市最庞大集团的总裁。

世界是复杂的，这个社会既有黑暗也有光明。不要说自己无可奈何，没有选择，不要以环境不好、现实黑暗而原谅自己的怯弱，更不要一边诅咒黑暗，一边加入黑暗。在困苦中为我们的人生点亮一根蜡烛，这根脆弱的蜡烛，即使不能照亮别人、照亮周围，也能照亮你的内心，让自己看得起自己。

有位得道高僧，他本身并不识字。有人嘲讽他："你都不识字，哪里配做高僧？"当时正是夜晚，高僧把这个人带到庭院里，用手指向挂在夜空的一轮明月，问那个人："顺着我手指的方向，你看到明月了吗？"

"看到了。"对方回答道。

高僧把手放下来："好，现在我没有指向明月，你看到了吗？"

"看到了。"

这时，高僧笑了："所以，明月从来都在，就像我们所拥有的智慧一样。你可以借用我的手看到明月，也可以自己看到明月。"

其实，烛光就在我们每个人的心中，它一直存在，只是有时候没有人帮我们指点。如果这样，我们何不自己去寻找那深埋在心中的烛光呢？当遭遇悲伤的时候，只要心中的蜡烛不灭，即使道路再崎岖难行，那片光明都会孜孜引路，如愿而归。

【低头生气，不如抬头争气】

诚哉斯言，与其诅咒黑暗，不如找到引燃的火种，点亮心中的蜡烛，破除心中无边的黑暗，做一个有内在精神世界的燃灯者。

6. 无法选择出身，但可以选择出路

你不能勾画生命的长度，但可以拓展它的宽度；你不能改变天生的容貌，但可以提升内在的气质；你不能预知未来，但可以把握现在；你无法选择过去，但可以选择未来；你无法选择出身，但可以选择出路……每个人一出生并不是成功人士，只要我们努力，我们就能开创美好的未来。

德国作家歌德曾说："谁要是游戏人生，他就一事无成；谁不能主宰自己，就永远是一个奴隶。"命运掌握在自己的手中，依靠我们自己可以开创一片美好的天空。

杰克有八个兄弟姐妹，他的父亲是加利福尼亚州的黑人佃户。为了生计，杰克四岁半就开始工作了，他八岁时就学会了赶骡子。在一般人看来，他们生活贫穷，这是命运的安排。但是杰克的母亲并不这么想，他们不是注定一辈子都这么贫穷，她始终坚信一家人一定能够过上富足而快乐的生活。所以，她经常把儿子抱在膝盖上，向儿子诉说自己的梦想。

"我的孩子，我们不应该这么穷。"她常常这么说，"贫穷不是上帝的旨意。我们之所以贫穷是因为爸爸从来不想追求富裕的生活，家里没有一个胸怀大志的人。"

母亲的话深深地印在杰克的心中，成为了他一生追求卓越的动力。母亲的话最终也改变了他的一生。被母亲的话所感召的杰克一心想跻身成功人士的行列，于是在追求财富的道路上，他从不懈怠。终于他凭借着自己出色的推销工作有了一定的积蓄。若干年后，他听说

有家货运公司即将拍卖，底价为 15 万美元，他就毫不犹豫地同货运公司洽谈收购事宜。结果在他的说服下，他以 2.5 万元作为定金，并答应在一周内筹足余款为条件购买了这家公司，但是合同的条件是，如果他逾期未补齐余款，定金将会被没收。

在接下来的日子里，杰克想尽一切办法去筹集资金，可是到了最后一晚，依然还差一万美元。杰克觉得自己已经想尽一切办法了。眼看明天就快到了，杰克不禁跪在地上，祈祷，请求上帝指引。"谁能在明天天亮之前借我 1 万美元?"杰克反复问自己。他把周围的人又想了一遍，却还是想不出来有谁能帮助他。时间在一分一秒地流逝，万般无奈的杰克毫无放弃之意，他决定最后一搏。于是他走出房间，开车沿着第 61 街走下去，看看有没有机会。这时已是深夜 11 点，杰克沿着这条街往下走去。过了好几个路口，都是漆黑一片，他继续朝前走，终于就在要走到尽头时，他看到一家承包商的办公室里还有灯光。于是杰克飞速下车，心中充满了欣喜，他走了进去，看到那位承包商正在埋头办公，由于熬夜加班，已经疲惫不堪。之前，杰克跟这位承包商还有些交往，于是鼓起勇气说："你想不想赚 1000 美元?"问话直截了当。得到的回答也直截了当："想，当然想。""那就借我一万美元，我会外加 1000 美元红利给你。"杰克向这位承包商详细说明了自己整个的投资计划。由于杰克做销售时有着良好的信誉，再加上他周密切实可行的发展计划，这位承包商最终答应借给他一万美元。

最后，杰克成功了，他不但从接手的公司获得了可观的利润，并且还陆续收购了几家公司。是不相信出身让他由贫穷走向富裕。

历史的许多经验和事例反复告诉我们，开始一帆风顺，未必能一帆风顺下去；很多出身寒微的人，通过自己的不懈努力创造出了人生的辉煌。古诗有云："苔花如米小，也学牡丹开。"我们无法选择我们的出身，所以我们如苔花一般平凡，但我们可以决定我们的未来，像牡丹一般绽放夺目的光彩。

人无法选择出身，但可以选择出路；无法选择过去，但可以选择未来。出路、未来在我们自己手中。

> **【低头生气，不如抬头争气】**
> 人生不要被仇恨所控制，决定你快乐的是豁达；人生不要被表象所控制，决定你成熟的是看透；人生不要被欲望所控制，决定你幸福的是知足；人生不要被安逸所控制，决定你成功的是奋斗；人生不要被别人所控制，决定你命运的是自己；人生不要被"出身"所控制，决定你未来的是"出路"。

7. 没有过不去的坎儿

我们总是试图在生命的旅途中发现美丽的风景，可是现实似乎总爱与人作对。智慧的上帝在路上洒满了荆棘与坎坷的种子，各种各样的挫折总是在不经意间横亘道上。意志薄弱的人在遇到这些困难时，总是心灰意冷、怨天尤人；而意志坚定的人却坚信人生没有攀不过去的火焰山，越挫越勇。

人生就是这样，不可能一帆风顺，到处都有坎坷。弯路让我们走得更长、更苦，但是却让我们懂得更多。生活中，无论你现在面对的是怎样的生活景况，无论生活带给你的是什么样的痛苦和忧愁，请记住一句话，人生没有过不去的坎儿。忘记忧愁，抛弃痛苦，从容地生活才会享受到生命最美好的时刻，人生才会拥有一份轻松，获得一份宁静，生活才会在你的面前展现一片豁朗的天空。

世界上没有过不去的事情，只在于你有没有跳过去的信心和勇气。人生中，没有过不去的坎儿，只要我们永不放弃，咬咬牙，任何困难都会过去的。

她是一个这样的人，出身农村，18 岁嫁人，26 岁赶上日本侵华。她不得不带着两个女儿东躲西藏。这种暗无天日的生活使得大部分村里人在逃难的过程中死亡，活着的人也想到了自杀。她得知后就会去劝他们："别这样。人生没有过不去的坎儿，小鬼子终有被赶出中国的一天。"

1949 年，她终于熬到了解放的那一天，可是她的儿子却在那炮火连天的日子里，由于缺乏医疗物质，又极度缺乏营养而夭折。她的丈夫为此躺在床上不吃不喝，她流着眼泪对丈夫说："咱们的日子再苦也得过下去，没了儿子，以后我们可以再生，人生没有过不去的坎儿。"

刚刚生了儿子，她的丈夫却因患上疾病而离开了人间。在这个巨大的打击下，她很长一段时间都没有回过神儿来，但最后还是挺过去了。她把三个未成年的孩子搂在自己的怀里，安慰道："没有了爹，还有妈。别怕，没有过不去的坎儿。"

她含辛茹苦地把三个孩子拉扯大了，生活也慢慢变好起来。两个女儿嫁人了，儿子也结婚了。她逢人便说："我说吧，没有过不去的坎儿。现在的生活不是变好了吗?"她年纪大了，不能下地干活，就在家纳鞋底，做衣服。

可是，上苍似乎并不眷顾这位老人。她在照顾自己的孙子时不小心摔断了腿，由于年纪大做手术危险，因此一直没有做手术，她就只能躺在床上。她的儿女们看着她都哭了，她却安慰道："哭什么，我还活着。"

即便下不了床，她也没有怨天尤人，而是在床上继续她的针线活，纳纳鞋底，甚至她还学会了手工艺术。左邻右舍的人都夸她手艺好，纷纷前来学艺。

她活到 86 岁，临终前，她对她的子女们说："都要好好过，没有过不去的坎儿……"

生活中我们不必去乞求，也不可能总是阳光明媚的艳阳天，狂风暴雨随时都有可能降临。但只要我们有迎接厄运的勇气和胸怀，在低谷和挫折面前不低头，跌倒了再重新爬起来，将自己重新整理，以勇敢的姿态去迎接命运的挑战，只要我们坚信人生没有过不去的坎儿，就能迎来人生的辉煌。

"琼斯乳猪香肠"是美国家喻户晓的一种美食。它的发明背后是发明者琼斯与命运抗争的一段催人泪下的故事。

琼斯原本是在威斯康星州农场工作，虽说当时他的家庭生活比较困难，但是由于他身体健壮又十分勤快，生活还过得比较充实，但是天有不测风云，在一次交通事故中，琼斯瘫痪了，躺在床上动弹不得。亲友们都认为他一辈子也就这样了，然而事实却出人意料。

琼斯身残志坚，始终没有放弃与命运作斗争，他依然可以思考和计划。他认为他的生活不会是这样，他要做一个有用的人，他不想增加家里的负担。他深思熟虑后，决定把自己的想法告诉给家人："我的双手虽然不能工作了，但我的大脑还能思考，而由你们代替我的双手。我们的农场全部该种玉米，用收获的玉米来养猪，然后趁着乳猪肉质鲜嫩时灌成香肠出售，一定会很畅销！"

其实，开始琼斯家人并不同意，但是最后还是被琼斯说服了。事情果然不出琼斯所料，等家人按他的计划做好一切后，"琼斯乳猪香肠"一炮走红，成为人人知晓、大受欢迎的美食。

天无绝人之路，生活留给我们一个个难题，同时也会给予我们解决问题的能力。琼斯能够成功，是因为他坚信人生没有过不去的坎儿，坚信冬天之后有春天。他在困难面前没有低头，没有被挫折吓倒，而是另辟蹊径，终于迎来了属于自己的成功。

没有谁的一生能够一帆风顺，如果你正在遭受你觉得不堪忍受的东西，哪怕是再大的不幸，也要相信一切都会过去，就像天空不会总是乌云密布，总有雨过天晴的一天。再坚持一会儿，就能看到明媚的阳光。

【低头生气，不如抬头争气】

人总是在遭遇一次重创之后，才会幡然醒悟，重新认识到自己的坚强和坚韧。所以，无论你正在遭遇什么磨难，都不要一味抱怨上苍是多么不公平，甚至从此一蹶不振。人生没有过不去的坎儿，只有过不去的人。

8. 抱怨不如行动

总是咒骂脚下路途坎坷的人，原来，只是低头走了太久。人生那些不顺意，不是因为生活错了，而是我们面对生活的姿态错了。人生一世，低头抬头都是一辈子，低头生气，不如抬头争气。

生活中，我们难免会遇到一些挫折、困苦和不愉快的事情，一味地生气、焦虑、怨恨，不但不能使事情好转，反而会使事情变得更糟。

有这样一则寓言故事：

有一只乌龟非常爱生气。尽管它的朋友金鱼、鲤鱼、鳗鱼、小虾和螃蟹都劝它不要生气，但乌龟并不听从劝告。

一天，当乌龟爬向河岸时，恰巧被渔翁的竹竿触着了。它马上生气了，把竹竿紧紧掐住，同时嘴里还气哼哼地说："你是什么东西，怪可恶的！如今被我掐住了！我不放你，我永远不放你！"这时，坐在一旁的渔翁看见竹竿的动静，知道有东西上钩了，于是把竹竿轻轻提起，乌龟也就被扔在竹篓里了。

英国著名作家迪斯雷利说过："为小事生气的人，生命是短暂的。""生气"是一个人非常正常的情感宣泄方式，小到生活琐事的不如意，大到倾注全身心的事业在弹指间灰飞烟灭，这一切，都有可能使人生气。然而，"生气"绝对是一个苦差事：不但搜索枯肠以充分表达自己的愤怒，而且还得付出"伤及肝肺"的代价。所以，自古至今，凡是稍具修养的人都是反对"生气"的。生气会使人丧失理智，忘记自己的所作所为，自乱阵脚。在战争中指挥官莫名其妙地生气，就会给敌人以可乘之机。楚汉相争之时，刘邦先入关中，因听信别人谏言，封闭城门，自立为王。此时，据史书记载，"羽大怒"。随之而来的是项羽未经筹划、未经准备就欲发动进攻。随后，经人从中斡旋，项羽作罢，出演了一场历史闹剧。历史验证了项羽是个事业上的失败者，这大概与其动辄生气有很大关系吧。

有一个人拎着油瓶在路上行走。不经意间，路上一块凸起的石头将油瓶撞碎了，油洒了一地，但那人瞧了一眼，就继续赶路了。路人看见了，以为他不知道，便大声对他说："你的油瓶洒了。"他头也不回，径直往前走。路人见他这样，很是疑惑，赶上前去问："说你的油洒了一地，你难道没看见吗？"行走的人说："我看见了啊。可油洒都洒了，又捡不起来。再说天快黑了，离家还很远，我还得赶路呢。"

伤神无济于事、郁闷无济于事、生气无济于事，洒掉的油捡不起来，一门心思朝着目标走，才是最好的选择。

莎士比亚说过："聪明的人永远不会坐在那里为自己的损失而哀

叹。他们会用情感去寻找办法来弥补自己的损失。"幸福的人之所以能在痛苦后照样见到明媚的春天，是因为他们从不因一时的悲伤过多徘徊，他们总能勇敢地站起来！抛弃失去后的伤神和哭泣吧，要想发挥自己的潜能，取得事业的成功，就必须勇于忘记过去的不幸，重新开始新的生活。

【低头生气，不如抬头争气】

在短暂的一生中，人总会遭遇各种风雨，碰到各种各样的麻烦：或被人误解，或遭人陷害，或一败涂地，或身陷囹圄……不管我们如何挣扎，也不管我们想不想要，人世间的一切痛苦总是如期而至地向我们扑来。在纷纷扰扰的尘世中，少一些抱怨，多点实际行动，便可脱离无边的苦恼，拥抱长久的幸福。

9. 生气不如争气，抱怨不如改变

愚蠢的人只知道生气，聪明的人懂得去争气，平庸的人热衷于抱怨，成功的人致力于改变。生气是愚蠢的体现，争气是智慧的象征。人生路途漫长，途中难免会有杂草、乱石阻拦，而这些只是一种考验，锻炼我们的毅力、耐心，使我们变得勇敢、坚强！我们不必为了身边的那几块不起眼的石头，而放弃一整片绮丽、明媚的景色。我们一定要把握每一分、每一秒，生气不如争气，抱怨不如改变。我们要用"生气"的悲愤化为"争气"的力量，去创造多彩的人生。

生活是自己创造的，怨天尤人，只会增加自己的烦恼，倒不如，把所有的怨气运用到自己的斗志上。人生虽然很苦，殊不知，"宝剑锋从磨砺出，梅花香自苦寒来"，只有在艰苦的环境中磨炼自己、改变自己，才能为以后的成功铺平道路。

一位才华横溢但屡遭失败的年轻人非常苦恼。他质问上帝："命运为什么对我如此不公?"上帝听完他的诉苦，随即从路边捡起一枚石子，扔了出去，然后问他："你能找到那枚石子吗?"年轻人找了找，摇摇头。

随后，上帝把随身携带的金子扔到石堆里，问年轻人："你能找到那枚金子吗?"年轻人瞥了一眼地上，肯定地回答道："能。"

上帝笑了笑说："当一个人抱怨自己怀才不遇时，许多情况恰恰是他还不过是一颗石子，而远远不是一块金子。但你不能像一块金子那样耀眼夺目，又怎能要求别人将你从石堆中识别出来呢?"

咽下怨气，才能争气。当你不顺的时候，不要生气，你所要做的是，充实自己，完善自我，把怨气化为向上的力量，鼓足劲儿去证明自己，用积极的心态去改变现状，才能赢得别人的喝彩。

汤姆森天生有点缺陷，但并不是很明显。乍一看，人们会发现他和常人一样，所以一直以来，都没有人发现他身体的畸形。直到他读七年级时，在上一次手工艺课时，他的这个缺陷才显现了出来。

当时，全班26个同学都照着老师的草图做家具，可是老师却发现，有25个同学做出的成品几乎是一模一样的，唯有汤姆森做的跟他们的不一样，所以被视为不合格。刚开始的时候，他想做木工活肯定还是需要一定天赋的，或许自己并没有这方面的天赋。

后来，一次偶然的联想，让汤姆森非常震惊。他发现自己做不好木工活的原因，并非是他缺乏这方面的天赋，而问题就出在他与生俱来的残疾上。从此以后，汤姆森的内心充满了怨恨，不止一次在心中抱怨："上帝为什么要这么对待我呢?为什么我的身体不能够和常人一样?"这个事实成了他的噩梦，每次遇到不顺心的事，他都会联想翩翩，让自己陷入痛苦无法自拔。

　　就这样，很多年嗖一下就过去了。29岁的汤姆森也已经成家立业了，还有了一个活泼健康的男孩，并取名叫杰。让他感到幸福的是，杰几乎很完美，一点缺陷也没有。汤姆森知道，作为一个男孩的父亲，他必须要尽到一个做父亲的职责，那就是教会儿子一些手工活：比如做一个小板凳什么的。这本是为人父亲的快乐之事，但是，在汤姆森看来，这是他心中的一大痛处。于是，他又开始抱怨命运对他的不公。

　　有一次，天真可爱的杰在外面玩耍时，看到邻居家的爸爸在教自己儿子做手工活。于是，他也跑回家中，对自己的父亲说："爸爸，你能教我做小衣柜吗？"汤姆森听后大惊失色，战栗着回答儿子说："儿子，事情是这样的，爸爸不能教你，因为……"

　　杰瞪大眼睛，似乎等待着父亲告诉他什么可怕的事实，"为什么？""你是不是经常看到那些木匠、建筑工们总是把一支铅笔夹在耳朵后面？"杰点点头，又好奇地盯着爸爸看。"但是，我却不能像他们那样！"汤姆森再次悲伤地抱怨说，"因为我的耳朵向外远远伸出，不能贴近脑袋，总是夹不住铅笔。因为我不是个正常人，所以我不能教你……"

　　故事中的汤姆森，他所抱怨的"残疾"竟是如此的小事。他的问题就出在他的"心"里，而不是看似略有异样的"耳朵"上。现实生活中，也有人总是犯类似的错误，他们把很多事情都看得很严重，愤世怨人，迁怒于社会的不公，甚至于把它当作追逐幸福生活的障碍、失败的借口。但是认真思考一下，你所抱怨的问题，根本就不是什么大问题。

　　曾经有一个小药店的店主，一直想找一个能干一番大事业的机会。可是他寻找了许多年，一直也没寻找到机会。于是，他开始痛恨自己的小药店。每天早晨他一起来，就希望自己今天能够得到一个好机会。然而，好长时间过去了，他认为的机会仍然没有出现。对此，他抱怨不已，他认为自己有干大事业的本事，却没有干大事业的机会。

从那以后，他就把生活中的大部分时间投进了在花园里去做所谓的"散心"，而他经营的小药店也为此门庭冷落了。后来，这个药店的店主经过智者的指点，他终于战胜了自己这种消极的态度：无论遇到什么人，也不管他们的地位的高低，自己都主动地去和他们接触和交流。

突然有一天，他这样问自己："我为什么一定要把自己的希望、自己的奋斗目标寄托在那些自己一无所知的行业上呢？为什么不能在自己相对熟悉的医药行业中干出一番大事业来呢？"

于是，他决心摆脱自己以前的那种怨天尤人的心态，就从自己的小药店做起。从此，他就把自己的这一事业当作是一种极为有趣的游戏，以此来发展他的生意。他用自己那种发自内心的热情告诉别人，他是如何提高服务质量，尽量让顾客百分百满意。可见，他对药店这一行业有多么浓厚的兴趣。

有人在不如意时只会一味抱怨，整天怨天尤人，于是他们终日郁郁寡欢、牢骚满腹。而有的人在不如意时不生气、不抱怨，平静对待，努力改变，于是他心里时常装着希望。一味抱怨的人常常只能在原地徘徊，自以为是地咒骂眼前的"阴暗"，却不知道那"阴暗"正是自己的影子。而努力去改变的人，总能用智慧发现机会、把握机遇，使本将是无奈的人生过得精彩而美好。

相传，宋徽宗热衷于书画，并且有很高的造诣。一天，他问随从："天下何人画驴最好？"随从们答不出来，便四处打听画驴出名者。不久,从市集上得知一位叫朱子明的画家有"驴画家的美名",随即召他进宫,为皇上画驴。可是,朱子明根本不会画驴,他原本只是一个很有功底的山水画家,因同行们忌妒他,才叫他"驴画家"。他根本不会画驴,得知自己被皇上召进宫画驴,吓出一身冷汗。然而,圣命难违,他只好硬着头皮开始画驴。他苦练画驴功,先后画了数百幅有关驴的画,最后终于得到皇帝的赏识,真正成了"天下第一画驴之人"。

抱怨的人无非是发泄自己不满的情绪,以期现实发生改变,可事情已经发生了,抱怨又有什么用呢?抱怨、生气没有用,只有为自己赌口气,自己去争气,这才是你唯一的出路。一味地抱怨、生气的人,就注定永远是个弱者;懂得跟别人斗气不如跟自己争一口气,将会成就自己的一生!

【低头生气,不如抬头争气】

在我们的生活中,总是存在许多不如意的事,无论是工作、生活,总有许许多多、大大小小的事情让我们生气、烦恼,但是遇到这些事时如何运用我们的智慧去解决问题,如何化烦恼为力量,便是一门不简单的课程。让自己成为聪明的人,就必须学会争气,这样才能让自己有上进心,才能让自己出类拔萃。请记住:生气不如争气,抱怨不如改变。

第二章

不要只顾低头拉车，
还要学会抬头看路

　　"低头拉车"是脚踏实地、苦干。"抬头看路"是辨别道路、认清方向。只顾"低头拉车"，没有"抬头看路"，就会脱离实际情况，丧失稍纵即逝的机遇，偏离成功发展的航向。成功者从来不是只顾低头拉车，在努力埋头苦干的同时，还要懂得抬头看路。

1. 低头拉车，更要抬头看路

生活之路，崎岖坎坷，要想在幸福的道路上少走几个弯路，那就是：不要只顾"低头拉车"，还要学会"抬头看路"；人生之路，起起伏伏，要想在成功的道路上寻求顺畅，那就是：不要只顾"低头拉车"，还要学会"抬头看路"。

"低头拉车"，是脚踏实地、苦干。"抬头看路"，是辨别道路、认清方向。但我们应该看到，"埋头拉车"与"抬头看路"是辩证统一的。诚然，就"拉车"来说，"低头拉车"是务实，但是，如果只顾"低头拉车"，不"抬头看路"，就会走错路，或走弯路，甚至撞得头破血流。其实，"抬头看路"也是为了更好地"低头拉车"。

有这样一个故事：

唐僧骑着白龙马，踏上了西行取经之路。据说那匹马从前住在长安城西的一家磨坊里，它和一头驴子是很好的朋友。平日里，马在外面拉东西，驴子则只是在屋里推磨。没想到，当这匹马昂首西去之后，它与驴子的命运就迥然不同了。

若干年后，这匹马驮着佛经回到长安，来到磨坊看望它的驴子朋友。这时，驴子不堪磨磨的重负，开始抱怨起了主人。

老马看见驴子朋友不高兴的样子，就跟它讲了自己去西天取经的经历：浩瀚无边的沙漠，高入云霄的山岭、凌峰的冰雪、热海的波澜……让驴子听了极为惊讶。驴子惊叹道："你有这么多丰富的见闻呀！那么遥远的道路，我简直连想都不敢想啊！"于是，驴子又问白马道："同样的时间，你为什么这么成功，而我为什么总是一无所获呢？"

而白马则谦虚地说道："其实我去西天取经时，你们大家也没闲着，甚至比我还累，我走一步，你们也走一步。我与大家不同的地方就是，我因为心中有目标，所以会不断地向前看，所以走得更远一些，看到的东西也多些。而你只是在磨坊里埋头苦干，所以只能原地踏步而已，看不到外面的精彩。"

这个故事值得我们回味。路在脚下，努力的方向只能靠自己把握。人生就是一条漫长的旅途，我们在赶路的时候，如果不时地停下来，抬头看路，看看方向，并对前行的方向进行修正，经常想一想赶路与看路的关系，多思考、多权衡、多比较，自然会有一番新境界；如果只是低头前行，那么就很可能偏离方向，最终达不到目的地。

艾得娜·卡尔夫人曾经为世界知名的杜邦公司受雇过数千员工，后来又担任了美国家庭产品公司的工业关系部副经理。她以她多年来积累的丰富经验，总结出这样的一段话：

"我认为，世界上最大的悲剧就是，有多少年轻人从来没有发现他们真正想做些什么。我想一个人若是想从他的工作中获得薪水，而其他一无所得，那真是太可怜了。"

卡尔夫人还说："甚至有一些大学毕业生也经常跑到我那儿说：'我得到了康奈尔大学的文学硕士学位，请问你公司有没有适合我的职位呢？'即使是这些头脑聪明、学历很高的人，因为往往不晓得自己能够做些什么，也不知道自己希望做些什么。因此，有那么多人在开始时野心勃勃，充满玫瑰色的梦想，但到了三四十岁以后，却仍然一事无成，痛苦沮丧，甚至精神崩溃。"

人生道路上布满荆棘，有时需要低头去除掉那些障碍，但不能总看着下面，你要抬起头辨清前进的方向，否则就会迷失自己。只顾"低头拉车"，没有"抬头看路"，就会脱离实际情况，丧失稍纵即逝的机遇，偏离成功发展的方向。

生活中，经常会出现类似故事中年轻人的选择，而你是抬头接受洗礼，还是低头寻求一种"自在"呢？

> **【低头生气，不如抬头争气】**
>
> 人生就是这样，如果总是低头，人性就会被扭曲，成为一个奴隶，失去生活的方向，偏离人生的轨道。生活中，要想行得稳，不仅要"低头拉车"，更需要及时抬起头来看看前方的道路，这样才能知道前方的大趋势，使自己迈向更高的阶梯。

2. 路在脚下，也要放眼身后

低头干活是一种智慧，但抬头看路是一种清醒；低头做事是一种勇敢，但抬头看天是一种方向。路是人走出来的，但是，如果走得太久，也要抬头看看前方的路，人生才会走得更平稳。

有一个以五人组成的旅游队，在攀登一座山时突然山石松动，向下滚落。导致四人死亡，只有一名年轻的小伙子幸免于难。事后有人问他，为什么他能够活下来。他说："因为在事发时，我抬头看到了滚石碾压的方向，从而躲开了危险。"人只有抬起头来，才会不自觉地环顾左右，增宽自己的眼界；人只有抬起头来，才能看清前方的路，才不至于跌入万丈深渊。

幸运的凯伦夫妇在中年时，终于有了属于自己的孩子，他们给孩子取名为道尔。

凯伦夫妇把道尔当作是上天赐予他们的宝贝，就想方设法去教导他，连走路的方式他们都会清清楚楚地告诉他："我的小宝贝，走路时一定要看着脚下的路啊，以防滑倒！"

因此，道尔从小就是在父母的细心呵护和叮嘱中长大的。道尔自己也很听话，只要走路，都会盯着脚下的路。

有一天，凯伦夫妇一家去郊外游玩，凯伦夫妇就不停地教导儿子说："你现在是走在山路上，一定要看着脚下的路啊，否则，你可能会不小心摔到山谷中，知道吗？"

道尔睁着一双大眼睛，听话地点了点头，说："我会的，爸爸，你放心吧！"

慢慢地道尔长大了。有一天，他准备到海边去游玩，他的妈妈连声叮嘱他说道："儿子啊，你走到沙滩上面，一定要小心啊，双眼一定要盯着脚下才行，因为海浪随时会出现，以防它将你卷入海中。"

不幸的是，凯伦夫妇去世了，可怜的道尔因为从小就听从了父母的教导，总是低着头，盯着脚下走路，继续自己的生活。

道尔认真地执行父母的叮嘱，在地板上，在山间，在海滩上，他的眼睛都会直勾勾地盯着脚下，从来不注意自己周围美丽的风景。他从来不知道流水声是从哪里来的，从来不知道潮声是从哪里来的，因为无论他走到哪，都是"低着头"，从来不知道周围和眼前是一种什么样的情景。

就这样，道尔一生从来没有跌倒过一次，更没有因为滑倒而碰伤过，他就这样几乎毫发无损地"低着头"，走完了自己的一生。自然，在他死前，他不知道头上的天是蓝的，远方的海是蓝的，天上不仅有美丽的云彩，而且还有迷人的星星……以及一切与生命有关的美好事物。

"路在脚下，路也在脚后"，就是告诉我们，要有追求、有目标，要往高处走，同时也是让我们抬起头来，将眼界放远、望远，这样才能够憧憬未来，放飞自己的梦想；望远，才能够紧盯理想之光，坚定自己的信念或者人生目标，才不至于被眼前一时的困难所吓倒，被一时的不快乐、痛苦所阻碍；也只有望远，才能够激发我们的前进动力，才能让我们积极进取，追求卓越。

有一天，一位教授发现一位同学还在埋头做实验，便好奇地问："你在干什么呢？"

学生回答说："在做实验。"

教授惊讶地问："那你下午在做什么？"

学生又一次毕恭毕敬地回答："做实验。"

教授开始皱起了眉头，继续追问："那早上呢？"

"也在做实验。"

勤奋的学生本以为自己可以得到导师的表扬，然而没想到的是，教授却大发雷霆，厉声斥责道："你一天都在低头做实验，那你有什么时间抬头来思考呢？"

抬头看路是成大事的必备素质。很多成功的人，正是遵循着这样的处世方式，最终才取得了惊人的成就。

> 【低头生气，不如抬头争气】
>
> 人只有抬起头来，才会不自觉地环顾左右，拓宽自己的眼界；人只有抬起头来，才能看清前方的路，才不至于跌入万丈深渊。

3. 耐得住寂寞，经得起考验

成功道路上，不可避免会寂寞难耐，面对重重的诱惑，在这种情况下，我们只有保持一颗执着的心，才能使成功之路走得更为顺畅。

著名作家刘墉曾经说："年轻人在实现自己梦想之前，都要经过一段'潜水艇'式的生活，先短暂隐形，找寻目标，耐得住寂寞，积蓄能量，日后方能毫无所惧，成功地'浮出水面'。"欲成大事都需要耐心等待，需要耐得住寂寞、经得起考验，等待属于自己的那一刻。

有记者曾经采访数十年如一日潜心研究和改进电站设备的韩龙吉："你天天钻在屋子里没日没夜地捣鼓，不觉得寂寞和无聊吗？"

韩龙吉则这么回答道："寂寞，什么叫寂寞？我还真不知道。我觉得钻研这些东西挺有意思。如果真的有寂寞的话，那寂寞恐怕也能开花吧！作为一线操作工人，我也希望能出人头地，希望自己能技高一等，赢得公司、上司和同事的认可与掌声。但问题是，在鲜花和掌声的背后，你是否有更刻苦努力的准备，有没有耐得住寂寞的毅力，有没有经得起考验的定力，有没有踏实肯干的决心。"

耐得住寂寞，才能经得起考验。这是一种心境，一种智慧，一种精神内涵，是一个人难能可贵的风范，是专注于个人追求的体现。

一个胸无大志的人，是不能够耐得住寂寞的，他们经常会被外界的花花绿绿的世界所干扰，最终在朝三暮四的动摇与徘徊之中浪费自己的大好时光。如果你有开创事业的远大志向，能够在浮躁的环境之中安下心来，踏实地走好每一步，坚守住寂寞，耐得住寂寞，坚守自己的梦想，那么一定能获得辉煌的业绩与成就。

从前，有一位养蚌的人有一个梦想，那就是要培育出世界上最美最大的珍珠，于是，他一大早起来就会到沙滩上面去挑选沙粒。他总是会俯下身子，耐心、仔细地询问一颗颗沙粒，问它们是否愿意变成一颗颗美丽的珍珠，然而那些沙粒都会摇头说，那是一个痛苦的过程，它们才不愿意呢！

养蚌之人不停地寻找，直到傍晚，他快要放弃的时候，终于有一颗沙粒答应了他。在它旁边的那颗沙粒却嘲笑它，说它简直就是一个大傻瓜,去蚌壳里住,深藏海底很多年,远离亲朋好友不说,还见不到阳光雨露,无法享受到明月清风,而且还缺乏空气,只能够与黑暗、潮湿、寒冷和寂寞为伍,实在是很不值得。

可是,那颗"很傻"的沙粒最终还是无怨无悔地跟养蚌人走了。

几年过去了,经过痛苦的煎熬,忍受了难耐的寂寞之后,那颗沙粒终于成为了一颗晶莹剔透、价值连城的珍珠,它开始整日周游世界,让人们对它投去赞叹的眼光,赢得了无比的荣耀和尊重。

人生是一段自我修炼与磨砺的过程,当你找到属于自己的人生方向时,就要耐得住寂寞、经得起考验,去除浮躁、扛得住挫折,执着地追求,永不放弃自己的梦想与努力,终会成就一番大事业,进而抒写华丽的乐章。

【低头生气,不如抬头争气】
　　每个年轻人都希望被成功的光环笼罩,但成功并不属于任何一个人。成功的道路是漫长而又痛苦的,唯有耐得住寂寞、经得起考验才能冲破它神秘的面纱。

4. 抬头看路的同时,也莫忘低头拉车

低头拉车是第一要务,而抬头看路是发展方向。这两者相辅相成,缺一不可。抬头看路,可以避免方向偏离甚至南辕北辙也全然不觉,而低头拉车、踏实苦干,是一种无论任何时候做什么事情都永不过时的精神。因此,想要成功,在看清方向的同时,也要莫忘低头拉车。

低头拉车就是让我们脚踏实地、扎扎实实,一步一个脚印;也就

是说要我们循序渐进，一步步让自己不断前进，直达事业高峰。

低头拉车，其实是告诉我们一种做事的态度。因为只有认认真真地低头做事，才能够全神贯注，也只有踏踏实实地低头做事，才能心无旁骛地将事情做好。低头做事，就是冷静地用脑做事，就是低调做事，就是专心致志地做事，就是从小事出发，做好手头的每一件事。

列文虎克是荷兰一名小镇政府的守门员，守门的工作是极为枯燥乏味的，但是，他在这个岗位上却能够兢兢业业，最终打磨出了显微镜，具有极大的意义！

列文虎克是农民出身，但是从小他就有着远大的人生目标，就是要发明一种能看到微小物体的镜片。后来，他成了一名守门员，在普通的岗位上，他仍旧没有忘记自己的人生理想，在工作中，他一不玩扑克去消磨自己的宝贵时间，二不泡咖啡馆，不去喝酒聊天，而是充分利用业余时间去打磨镜片。虽然，打磨镜片既费时又费工，但是他对此却乐此不疲，兴趣盎然。他就这样日复一日从不间断地一直打磨了60年，他磨出的复合镜片的放大倍数超过了当时专业技师的产品。凭借着他当时打磨出的镜片，他又潜心研究，终于发明出了显微镜，最终揭开了当时科技领域尚未知晓的微生物世界的神秘面纱。凭借着这项伟大发明，他被授予巴黎科学院院士，最终声名大噪。

踏踏实实地做好每一项工作、每一件小事，是非常必要的，要目标坚定，持之以恒，不能因为工作中遇到的一点失误或者挫折就放弃目标。只有做到目标明确，长期坚持，才能到达最终的目的地。

某大型国企招聘了除极少的几名本科毕业生外，其余几位都是硕士生和博士生。本以为这几位硕士生和博士生在工作能力等方面会大大超过招聘的大学本科生，给公司注入新的活力，使之出现一个空前的飞跃，但是经过一段时间的实践检验，并不尽如人意。这些研究生总是认为自己学习成绩高，知识多，不需要再学习，也不需要在技能方面多下一点功夫。他们进入公司后十分懒散，对公司业务什么都不了解，也不去主动了解，不去主动投入时间钻研自己的工作，跟同事们也不积极主动去交流，认为自己是高才生，比别人什么都懂，而不用加强平日的业务学习和技能培养。

但是招来的本科生就不一样了，他们自认为自己只是本科生，知识储备肯定没有研究生强，他们进入公司后，就急忙了解公司的历史、发展状况及其发展潜力。进入公司以后他们就主动积极地去适应新的工作环境，积极与同事交流，花费大量的业余时间给自己充电。没过多久，这几个人的业务水平都超过了那些同时进入公司的研究生，并各自都参与了管理工作，工资比来的时候整整翻了一番。

凡事需要下苦功才能有所成就。爱默生曾经说过："伟大的人物最明显的标识，就是他具有坚韧不拔的精神，不管环境变化到任何程度，他的初衷和希望，仍然不会有丝毫的改变，而终至克服障碍，达到所企望的目的。"司马迁写作《史记》耗时达18年之久；李时珍为了写《本草纲目》，历时27年之艰辛；而伟大的导师马克思，在写《资本论》这部巨著时，竟然在他的座位上磨出了一个坑！"宝剑锋从磨砺出，梅花香自苦寒来"，要做出一番成就，就必须下苦功夫。

【低头生气，不如抬头争气】

只顾低头拉车，而不顾抬头看路，就会走错路或走弯路，甚至撞得头破血流；而"抬头看路"的同时却忘记"低头拉车"，就会变成故步自封，找不到出路和方法。

5. 行得稳，才走得快

俗话说："万石之钟，不以莛撞起音。"沉稳的石钟耐得住莲花的碰撞，才不会轻浮晃动。它告诉我们做人要脚踏实地，一步一个脚印，夯实基础练好基本功。万仞高山，始足于稳。成功在于求稳而不在于求快，只有行得稳，才能走得更快。

稳：稳步、稳定、稳健、安稳。稳，渗透到每一个角落，每一件事情。它是一切事业成功的基础。一个人只有脚踏实地，一步一个脚印，才是真正的进步。只有走得稳，才能走得快、走得远。

田华大学毕业后，进入一家销售公司。他从最底层干起，勤勤恳恳，任劳任怨，颇受公司领导的好评。一年后，他被公司领导提拔为部门经理助理。他对工作依然尽心尽力，更重视人际关系的培养，因为他明白人际关系在工作中是必不可少的。渐渐地，他感觉时机已成熟，便向公司领导提交了一份自荐书，公司领导也知道他的为人，觉得他工作努力，人品也很不错，于是就提升他做了部门经理。

他一上任后，便对新的部门提出很多意见，根据部门实际情况做了些改革措施，部门的工作也迎来了最辉煌的时期。不到一年的时间，他领导的部门业绩跃居公司第一。

田华之所以能在短短的几年时间里，如愿以偿地成为公司骨干，就是因为他自从到公司以来，一直脚踏实地，一步一个脚印，稳中求快，快中有稳，最后才走得又稳又快。

现实生活中，有些人急功近利，这或许会得到一时的成功，但绝不会长久，只有脚踏实地，每一步走得稳一点，以后才能走得更远、更快。

在英国有一个探险家，他热衷于考察森林中的原始文明。

一次他去了中非一个原始森林，他雇了几位土著居民做向导及挑工，尽管这几个土著人身上背负着沉重的行李，但他们的脚力过人，健步如飞，一连三天，考察队都很顺利能按原定的行程赶路。

但到了第四天，这些向导和挑工们却不愿意赶路了。探险家与他们沟通了很多次，不料都遭到了他们的拒绝，探险家为此感到非常气愤和不解。

经过再三沟通，探险家终于明白了，这里的土著人自古有一种习俗：在赶路时，起初都是竭尽所能地埋头赶路，但每走上三天，便要休息一天，当探险家进一步询问原因时，这些土著人的回答让探险家受益终生。

他们说："那是为了让我们的灵魂，能够追得上我们赶了三天路的疲惫的身体。"

有时候走得太快会丢掉许多弥足珍贵的东西，而那些东西都是生命中不可或缺的。生活中，我们只有不断地审视自身、把握规律、苦练内功，稳扎稳打，稳中求进，才能走得又稳又快。

> **【低头生气，不如抬头争气】**
>
> "棋，不看三步不捏子儿"，一失足成千古恨，步步须稳。人在追求成功时也一样，成功在于求稳不在于求快，欲速则不达。成功，是不可以用速度来衡量的。想要成功，就必须稳重地抬起你的双脚向前进。每一步走得稳一点，以后才能走得更快、更远。

6. 看得远，走得远

眼光决定未来。一个目光长远的人才看得远，想得多；看得越远，才能走得更远。"看得远，才能站得高"，是因果关系，眼界决定你的位置。什么样的格局，决定你有什么样的发展。

"站得高，才能看得远"，非常直接，就是说：人在高处，视野开阔，前面没有遮挡，能看到低处看不到的远方。

一个登山爱好者，他攀登过珠穆朗玛峰，征服了乞力马扎罗山和麦金利山峰，在他晚年，他总结了他爬山的成功秘诀：

看得远，才能走得远。把目光放远一些，一是能看清方向，走得顺利，不至于总是遇到障碍走回头路；二是走起来不会觉得太累，能走得快，走得远。

看得远，才能走得远。这个道理看似简单，但却意蕴深远。看得远，才能看到更美的风景；看得远，路才走得更长。

其实，"看得远，才能走得远"，这个道理不仅适用于爬山、走路，也适用于我们做任何事情。一个人若没有长远的眼光是无法成功的。长远的眼光不仅可以帮助你成功，更可以让你看到更美的风景。将目光放长远一些，你会避开利益后的陷阱；将目光放长远一些，你会看到最后的风景；将目光放长远一些，你会获得最终的成功。

看得远，是一种层次，一种境界。"看得远，才能走得远"，这道理说来并不复杂，但在实践中却也有被忽视的情况。现实生活中，人们往往只为眼前的利益所吸引，或被时下的困难所阻吓。如果一个人看远一些，把眼界放宽一点，那么他就可能做出更成熟、更着眼长远的决定,进而获得成功。

> **【低头生气,不如抬头争气】**
>
> 看得远,不是好高骛远,而是一种长远的眼光。长远的眼光是我们成功的重要条件之一,看得远,才能走得远。

7. "冷静思考" 加上 "埋头苦干"

成功者和平庸者最大区别在于:前者能在忙碌之中静下心来进行思考,而后者常常只顾低头赶路,却少了抬头看路,少了思考,少了总结再前行这一环节。

思考,比什么都重要。不要以为埋头苦干就好了,还不要认为你认真就可以了,苦干之余,冷静思考是有益的,不下决心培养思考态度的人,便失去了生活的最大智慧。

要想成就一番事业,埋头苦干固然重要,但是实现我们的目标可绝不仅仅只靠苦干,还需要我们进行思考,进行规划,在思考的过程中,通过树立新的、更高的目标,不断开掘自己的智慧、自身的潜能,才能逐渐使自己走向成熟,让生命过程变得更加丰富和精彩。

一位农夫在田间整理稻草时,不小心把手表弄丢了。他翻遍了整个稻草堆,也找不到那块手表。那块手表对他来说非常重要,因为那是他跟妻子结婚时,妻子送给他的,非常有纪念意义,所以他必须找到。于是,他叫来几个孩子帮他找,并对他们说:"如果你们谁能在草堆里找到我的手表,我就会给他十美元钱。"孩子们连忙跳进稻草堆里找那块表,可找了半天,谁也没有找到。农夫非常失望。

这时,坐在旁边的小女孩突然站了起来,对农夫说:"我来找找看。"农夫不太相信，便对她说："那么多人都没有找到，你一个人能行吗？""这不一定，或许我真的就能找到了。"小女孩说。

农夫只好让小女孩跳入稻草堆里去找。小女孩进入以后并没有像其他孩子那样翻来翻去，而是静静地蹲在地上倾听。渐渐地，她隐约听到了时针滴答滴答的声音，声音逐渐清晰了。于是，小女孩顺着声音传来的位置找去，果然找到了那块表。

农夫既惊喜又诧异！

其实，在生活中很多人都像这个农夫一样，一遇困难就着急、泄气，而不是像小女孩那样，学会冷静，多思考一些，认识事物产生的环境，然后清晰理智地去面对。

在前进的过程中，在人生最关键的时刻，静下心来冷静地思考一番，才能不断修正自己的方向，才能保证自己拥有一个光明的未来。正在埋头苦干的你，无论每天有多忙，还是留点时间让自己仔细地思考吧。

【低头生气，不如抬头争气】

冷静地思考，有时比埋头苦干更重要。让我们学会冷静思考，赢得成功人生。

8. "方向"比"速度"重要

如果把人生比成一场旅行，理想就是我们的终点站。前往终点的过程中，前进的速度可以不同，但首先要明确方向。如果方向错了，速度再快，也不会达到既定的目标，速度越快只会越偏离跑道。人生是由一个个岔路口组成的，一次一次的目标构成了我们人生的走向，而建立在正确的目标上的努力，才是有意义的。

一位哲人曾说："一个人最重要的不是他所取得的成绩、他所在的位置，而是他所朝的方向。"方向是人生的指路明灯，为你拨开迷雾，为你开启明媚的新世界。没有方向，人生就没有了前进的动力，生活就失去了存在的意义。现实中，有些人只顾匆匆赶路，不考虑方向的问题，结果却到了一个根本不值得或错误的地方。没有了方向，速度就失去了原有的意义。

《战国策》记载着这样一个故事：

魏国想要攻打赵国都城邯郸，季梁在路上听说后，来不及换上上朝的衣服就去谒见魏王，对魏王说："今天我回来的时候，在路上遇见一个奇怪的人，面朝北面驾着车，他告诉我说：'他想到楚国去。'我就对他说：'楚国在你南边，你应该朝南走，为什么往北去呢?'他说：'我的马很精良。'我就回答他说：'即使你的马精良，但是这也不是去楚国的方向啊!'他说：'我的路费很多。'我告诉他：'即使你的路费再多，但这也不是去楚国的道路啊。'他回答我说：'我的马夫善于驾车。'虽然这个人什么都好，但是他却离楚国越来越远。现在大王你想行动成为霸王，想取信于天下，依仗魏国的强大，军队的精良，而去攻打邯郸，以使土地得以扩展，名位尊贵，大王这样的行动越多，那么距离称王的事业就越来越远啊。这就好像想去楚国却向北走一样。"

这就是成语"南辕北辙"的由来。它指的是要到南方去，却驾着车往北走，比喻行动和目的相反。它告诉我们一个道理：一个人不注重方向，即使走得很快，也不会达到预期的目标。

方向至关重要，它是人能否走向成功的关键因素，一个人虽然很努力，但前行的方向反了，就如"南辕北辙"的典故一样，永远达不到目的地。清晰的方向，既是成功的开始，又是成功的保证。一个人想要创造更好的人生，就必须选准前进的方向。否则方向错了，便会偏离原本的行进轨道。

玛丽是一位出色的社会活动家。她向她的听众讲述了这样一个故事：多年前，她在下班途中，遇到了一位左脚严重扭曲的男孩子，极富同情心的玛丽立即将这个男孩子带到附近的一家医院做外科检查。

检查之后，医生告诉她："如果现在小男孩能做一些系列手术，并且经过一段时间的康复训练后，小男孩的腿就完全可以像正常人一样，但是手术费昂贵。"

为了能治好小男孩的腿，玛丽经过多方奔走和说服，不仅医院同意减免一部分医疗费用，而且一家银行也开出了一张限额支票，加上男孩家人和玛丽本人，终于使得小男孩的手术可以正常进行。

一切都进展得非常顺利。"终于有一天，那个小男孩居然能像正常人一样跑了起来，"玛丽激动地回忆说，"当时我的泪水抑制不住地流了下来。"

"十年后，小男孩已经变成了一位健壮的小伙子。"玛丽顿了一下，向她的听众问道："你们知道他今天是做什么的吗？"听众们都以一种惊艳的目光看着她，大家心里都想："肯定是成为了一个了不起的人物。"

可是玛丽停顿了一下说："他因为抢劫正在监狱里度过他的两年刑期……"

说到这里，台下所有的人都感到惊讶。此时，玛丽已是泪流满面。她哽咽着继续讲述道："这是我一生中最愧疚的一件事情，我只顾忙于教他能够快速地走路，而忽略了更重要的事情，那就是教他应该往哪里走！"

人生的悲剧不是无法实现自己的目标，而是不知道自己的目标该是什么。成功不在于你身在何处，而在于你朝着哪个方向走。一个人没有目标、没有方向，走得再快也没有意义，离成功也会越来越远。

> **【低头生气，不如抬头争气】**
>
> 方向永远比速度重要。因此，在人生路上，我们必须恪守正确的方向意识，不为浮云遮月，不为一叶障目，找准发展的正确方向，然后阔步走向明媚的未来！

9. "选择"与"结果"成正比

一个选择，决定一条道路；一条道路，到达一方土地；一方土地，开始一种生活；一种生活，形成一个命运。今天的现状是昨天的选择，明天的生活是今天的选择，今天有什么样的生活就是你昨天选择出来的，而你明天的生活也是你今天所做的选择。所以，可以这样说，你今天的"选择"与明天的"结果"是成正比的。

选择，对于人生来讲非常重要。在人生的旅途中，选择，是人生成功路上的航标；选择，是量力而行的睿智和远见。选择是给自己寻找前进的方向，选择是为自己的生命注入新的动力。只有学会选择，人生才会有主题；只有学会选择，人生才会演绎出华美的乐章。

走在人生的这条路上，通往成功的道路或许有无数条，对我们来说，生命永远是单行线，没有岁月可以回头，我们不可能推翻结局重新来过，而我们所能做的只是防止像在别人的故事里发出"我猜到了开头，却猜不到结局"的感叹。

奥托·瓦拉赫是诺贝尔化学奖获得者，他的成才过程极富传奇色彩。瓦拉赫在开始读中学时，父母为他选择的是一条文学之路，不料一个学期下来，老师为他写下了这样的评语："瓦拉赫很用功，但过分拘泥，这样的人即使有着完美的品德，也绝不可能在文学上发挥出来。"

此时，父母只好尊重儿子的意见，让他改学油画。可瓦拉赫既不善于构图，又不会润色，对艺术的理解力也不强，成绩在班上是倒数第一，学校的评语更是令人难以接受："你是绘画艺术方面的不可造就之材。"

面对如此"笨拙"的学生，绝大部分老师认为他已成才无望，只有化学老师认为他做事一丝不苟，具备做好化学实验应有的品格，建议他试学化学。父母接受了化学老师的建议。这下，瓦拉赫智慧的火花一下被点燃了。文学艺术的"不可造就之材"一下子变成了公认的化学方面的天才。在同类学生中，他遥遥领先……

瓦拉赫的成功，说明这样一个道理：只有懂得发挥自己的优势，选择自己适合做的事情才能取得最终的成功。

选择，对于人生非常重要，可惜生活中很多人却不懂得如何选择。

人生路上，关键是要明白自己想要什么？每个人都要结合自身素质和条件、兴趣和特长，去选择自己的人生目标，走出一条适合自己的人生之路，如果选择了一条正确的道路，那么人生旅途就可以少了许多的烦恼和遗憾。

> **【低头生气，不如抬头争气】**
> 人生即选择，走好人生路，关键在选择。

10. "努力"永远大于"能力"

当能力与努力放在一个天平上时，努力往往比能力更重要。不管你的能力有多高有多强，如果你不努力，最终也不会成功；相反地，如果你的能力不是很强，但只要你努力，总有一天，你会成功。

能力是努力的积累，努力是能力的基础，能力来源于努力，努力会增长能力。一个人的能力不是与生俱来的东西，需要后天的培养，因此，要想成为永远的强者，只有坚持不懈地努力；要想获得更高的成就，也只有加倍努力。

一位学者去北欧某国考察时经历了一件有趣的事情：

周末，他应邀到当地一位心理学家家中做客。一进门，他就看到了心理学家漂亮的女儿：金黄的头发，一双蓝色的大眼睛，炯炯有神。他忍不住在心里称赞小女孩长得漂亮。当他将礼物送给小女孩时，小女孩微笑着向他说了声谢谢。这时，他禁不住夸奖道："你可真漂亮，可爱极了！"

这种夸奖是一般父母最喜欢的，可是小女孩的父母却并不领情。在小女孩离开后，心理学家的脸色一下子就沉了下来，并对他说："你伤害了我的女儿，你得向她道歉。"

"什么，我伤害了她，我得向她道歉？"这位学者感到非常吃惊，说，"我只是夸奖了你的女儿，并没有伤害她呀？"但是，心理学家还是摇了摇头说："你是因为她长得漂亮才夸奖她的。但漂亮这件事，不是她的本领，这取决于我和她母亲的遗传基因，与她个人基本没有关系。但孩子还小，不会分辨，你的夸奖就会让她认为这是她的本领。而且她一旦认为天生的漂亮是最值得骄傲的资本，就会看不起长相平平甚至丑陋的孩子，这就给她造成了误区。""其实，你可以夸奖她的微笑和有礼貌，这是她自己努力的结果。所以……"心理学家停顿了一会儿后说道。

听完心理学家的话，学者十分震惊，于是便向小女孩道了歉，同时赞扬了她的微笑和礼貌。

这个故事告诉我们：赏识别人的时候，只能赏识别人的努力，而不应该赏识别人的聪明与漂亮。因为聪明与漂亮是先天的优势，而不是值得炫耀的资本和技能，但努力则不然，它是孩子后天的能力，应该予以肯定。

从这个意义上讲，努力比能力更重要，人没有生而知之，只有学而知之。人们要通过自我修养、自我觉悟、自我约束、自我完善，不断提升自己的能力。能力普通的人，若能清楚自己的弱点，并能积极努力，结果定会比资质过人却不努力的人要好。因此，生活中，不管我们在哪个工作岗位，只要认真努力，用心工作，不论多难的工作都一定能做好。有能力的人或许花一小时能处理好的事情，可能我们需要花两小时的时间，或许是更多的时间，但只要积极去做，花时间用心去做，不耻下问，踏踏实实，兢兢业业，在实践中不断积累经验，一样可以收到事半功倍的效果。

《伊索寓言》中记载着这样一个故事：

一天，一只乌龟和一只兔子在相互争辩谁跑得快。乌龟说它比兔子跑得快，兔子却嘲笑乌龟不自量力。双方争执不下，于是它们决定来一场比赛分高下。选定了路线后，它们就开始比赛了。

兔子带头冲出，奔驰了一阵子，眼看它已遥遥领先于乌龟，心想，自己可以在树下坐一会儿，放松一下，然后再继续比赛。

兔子由于太累，很快就睡着了。而一路上笨手笨脚走来的乌龟则一直努力爬，最终超过了兔子，到达了终点，赢得了胜利。等兔子一觉醒来，才发觉它输了。

这个故事给我们的启示是：由于乌龟的努力，最终获得了超过兔子的荣誉。因此，现实生活中，我们绝不能像兔子一样因为贪睡而输给乌龟，而应该向乌龟一样，通过努力提升自我，最终取得胜利。

【低头生气，不如抬头争气】

努力是在争取最好的结果，努力是在浇灌成功的希望，努力是多付出的一份力，努力是工作中的尽心尽力。有成就的人，不是靠能力而是靠努力成功的。因此，生活或工作中，只要我们不懈地努力，最终便能收获成功。

第三章

人生不在于拿一副好牌，而在于把牌打好

　　有人将人生比作一场牌局，发牌的是上帝，你没有机会选择一副好牌，不管你名下的牌是好是坏你都必须接受。拿到一手好牌的人，不一定能赢；拿到一手坏牌的人，不一定会输。因此，人生的成功不在于你是否拿到一副好牌，而是怎样将牌打好。

1. 打好人生的这副牌

人生好比在打一场牌，每个玩家的牌不尽相同，正如每个人都有不同的命运，但是牌数却是相同的，上帝是公平的，他给予每个人生命的长度也是相似的，如何用有限的生命，通过努力打好人生的牌是最重要的。

印度第一任总理、杰出的政治家尼赫鲁曾说："人生就像一副牌，发到手里的是什么牌是定了的，但你可以决定怎么尽力打好。"打牌时，牌发在手里，不管是好是坏，你都要把它们打出去。人生也像一场牌局，从你生下来的那一天，命运女神就把所有的牌都发给了你。你的出身，你的性别，你的相貌，以及对你未来产生莫大影响的一切，都已成事实，你能做的：就是打好手里的每一张牌，把握赢的机会。

美国前总统艾森豪威尔年轻的时候，有一次和家人玩牌，可不知道怎么回事，那天他的手气差极了，他连续几次都拿到很糟糕的牌，一连输了好几把。他情绪非常不好，态度也开始恶劣起来。

他母亲见状，说了段令他刻骨铭心的话："你必须用你手中的牌继续玩下去，这就好比人生，发牌的是上帝，不管是怎么样的牌，你都必须拿着，你要做的就是尽你的全力，求得最好的结果。这样打牌，这样对待人生，才有意义。"

听了母亲的话，艾森豪威尔十分惭愧，于是他停止了抱怨，也不再急躁，用心地打起牌来。从此以后，艾森豪威尔一直把母亲这段话当作座右铭，不管遇到什么情况，他都做最大的努力，总是尽力做好每一件事。后来，二战期间，他担任统帅与纳粹作战。每到最艰苦的时候，他都会想起母亲当初的话，利用手中所掌握的一切条件，发挥最大作用，几次都将战败的局面扭转为胜。最终，他成为了美国第34任总统。

牌，相信每个人都打过，也相信有很多人都和艾森豪威尔当初一样，摸到"烂牌"就没有信心打下去，把希望都放在一副好牌上。当然，每个人打牌都希望自己能拥有一副好牌，这种心态是很正常的，但是，一开始有优势的人不一定是最终的赢家，摸到坏牌的也不一定就会是输家，只要认真对待，还是有反败为胜的可能。因此，春风得意时，不可以得意忘形，而四面楚歌时，也用不着悲观失望。

人生何尝不是这样，每个人从一出生，牌的好坏就已经注定了。可是，要把它打得精彩还是平淡，关键在于自己。在面对贫穷、面对人生挫折时，不要气馁，只要凭着自己能克服任何困难的信念发愤图强，努力奋斗，即使条件再恶劣也能获得转机。

美国西部的一个小山村里，一位家境清贫的少年在15岁那年，写下了他气势非凡的毕生愿望：要到尼罗河、亚马逊和刚果河探险；要登上珠穆朗玛峰、乞力马扎罗山和麦金利山峰；驾驭大象、骆驼、鸵鸟和野马；探访马可波罗和亚历山大一世走过的道路，主演一部《人猿泰山》那样的电影；驾驶飞行器起飞降落；读完莎士比亚、柏拉图和亚里士多德的著作，谱一部乐曲；写一本书；拥有一项发明专利；给非洲的孩子筹集100万美元善款⋯⋯

他洋洋洒洒地一口气写了127项人生宏伟志愿。不要说实现它们，就是看一看，也足够让人望而生畏了。

少年的心却被他那庞大的毕生愿望鼓舞得风帆劲起，他的全部心思都已被那一本厚厚的愿望牵引着，并让他从此开始了将梦想转化为现实的漫漫征程。最终经过他的努力，硬是把一个个近乎空想的夙愿，变成了活生生的现实，他也因此一次次品尝到了搏击与成功的喜悦。44 年后，他终于实现了"一生的愿望"中的 106 个愿望。

他就是 20 世纪著名的探险家约翰·戈达德。

人生就如牌局，发牌的是上天，而出牌的是自己，只要牌一发下来，大牌小牌就已注定，无论你抱怨也好，怒骂也罢，一切皆成定数。没有人手里永远是好牌，也没有人手里永远是烂牌；没有人一辈子一帆风顺，也没有人一辈子举步维艰。如果我们把自己所处的环境，自己不能左右的局面，看成是上天发给我们的一副牌，那么"打好手中的牌"就是我们能够做出的最明智的选择了。所以，在面对问题和挫折时，怨天尤人解决不了任何问题；积极调整好心态，勇敢地迎接人生的挑战，并尽最大的努力去做好每一件事，这才是最佳的选择。

> **【低头生气，不如抬头争气】**
>
> 人生就如牌局，发牌的是上天，而出牌的是自己，只要牌一发下来，大牌小牌已注定，就像上帝已经给每个人注定好了人生，我们没有选择自己出身和背景的权利，但我们有权利选择自己的人生之路怎样去走。牌局有输有赢，但无论拿到什么牌，都要相信有精彩。

2. 将"烂牌"打好

上帝有时很偏心，它发牌的时候，给一些人的是一副春风得意的牌，给大多数人的则是一副让人沮丧的牌，如果我们有幸地拿到了一副不错的牌，我们一定要争取去赢；如果我们摊上了一副糟糕的牌，不要灰心气馁，将手中的"烂牌"经营好，把它打好，我们也完全可以让牌局精彩起来。

人生如一副牌，有的人摸到了好牌：健康、富裕、美丽、权柄……有的人摸到了烂牌：疾病、贫穷、丑陋、卑微……然而"烂牌"并不可怕，将"烂牌"持在手中，靠自己的智慧、努力和坚持，你也可以成为赢家，你也会是笑到最后的人。人生的牌局，不是乞求拿到一副好牌，而是怎样将手里的"烂牌"打好。

在美国中西部的一个城市里，住着一个大人物，他叫迪布·汤姆斯，是美国著名企业——温迪连锁店的创办者，为此，他获得了旨在奖励出身寒微、力争上游，终于在社会崭露头角的赫纳肖·亚尔加奖。

迪布·汤姆斯是一个连自己的出生地都不知道的人，更不用说他的亲生父母了。他从小时候就是一个孤儿，由他的养父母带大，然后带着几美元就开始闯荡社会。他做过很多工作，最终选择在印第安纳州福特·维恩的一家餐厅当实习服务生。由于他既聪明又能干，很受餐厅主人的赏识，于是主人就把俄亥俄州哥伦布快要倒闭的一家小店交给他经营，考验他的能力。一开始，迪布·汤姆斯想尽一切办法也没能使那家小店兴旺起来，他便一处一处地查找原因。原来是因为小店里的菜式过于多，采购时容易浪费，因此利润也就随之减少。找到了原因后他就开始对症下药，减少菜式，追求"少而精"的原则，果然小店生意一下子火了起来。后来他用自己赚的钱又开了一个汉堡餐厅，因为他小时候十分喜欢吃汉堡，他还以他女儿的名字温迪作为店名，随后他又不断地想出新点子，使这家小店声誉远播，受到很多人的欢迎。后来，他的连锁店陆续开展起来，店面也逐渐扩大。现在，温迪连锁店已多达3200家，在快餐界排名第一。

可以说，迪布摸到的是一副很差的牌，但他却能比那些摸到好牌的人打得好，创造出了人生的辉煌。

在人生旅途上，尽管不少人也能遇到期待中的好牌——或亨通的官运，或茂盛的财源，或真挚的友谊，或忠贞的爱情。但一个人运气再好，也不可能时时处处都能得到理想的机遇，也会有抓到"烂牌"的时候。人们对待"烂牌"的不同态度，会导致出现两种迥然不同的人生结局。面对"烂牌"，如果一味相信命运的安排而不战先退，就会一步步走向败局；如果能积极进取，巧妙运用各种先机，精心运筹，就有可能扭转劣势而最终取得胜利。迪布·汤姆斯就是这样积极的人。

李嘉诚的人生就仿佛是上帝分牌时给了他一副"烂牌"，家境贫困，迫于生计很小便担起了家庭的责任。最初他只是一个茶楼卑微的跑堂，一个五金厂普通的推销员，而且只有初中教育背景。但是如今的李嘉诚能拥有如此巨大的财富，可想而知，他依靠的并不是一手好牌和好出身，靠的是他懂得打好人生的牌，靠的是他的努力和积极进取的心态。假使他抱怨出身，从而怨天尤人，他也只能让"烂牌"变得更烂。

如何才能打好人生的坏牌？香港一家媒体，曾经做出了这样的评价："李嘉诚发迹的经过，其实是一个典型青年奋斗成功的励志故事，一个年轻小伙子，赤手空拳，凭着一股干劲儿勤俭好学，刻苦勤劳，创立出自己的事业王国。"

人生这副牌，有时候会有好牌，但更多的时候则是"烂牌"。面对"烂牌"我们不应该抱怨，更不应该气馁，我们要认真对待每一张"烂牌"，将"烂牌"精心组合，寻机掷出，就往往能够出奇制胜、反输为赢，在逆境中成就自己理想的事业，开创出生活的另一番局面。

【低头生气，不如抬头争气】

　　有人说，棋如人生，其实牌也一样，人生如牌，牌如人生。人生的好与坏靠的是自己，在于自己创造。面对一副"烂牌"不要失望，顺其自然、心安理得地接受，积极、乐观地面对，并尽最大努力经营好，你就能笑到最后。

3. 人生也需要"洗牌"

　　美国作家罗杰·冯·伊区写道："生命如同玩扑克牌。有时你坐庄，有时别人坐庄，这其中包含了许多牌技与运气。有时候你拿的牌不好却赢了，有时候你拿副好牌却输了。但无论如何，你必须持续不断地洗牌。"

　　人生总会经历很多事情，或许经历过幸福，或许经历过落魄，或许经历过成功，或许经历过失败；人生总会让你碰到很多朋友，有的真诚、有的虚伪、有的义气、有的狭隘、有的热情、有的冷漠；人生就像在不停地走路，不同的路上会看见不一样的风景，而不一样的风景，也许人们对待的方式也不一样，因为有些风景会让你不屑一顾，而有些却让你流连忘返。所以人生就应该学会整理，就像洗牌，把不好的牌重新洗过，什么该放在第一，什么是好的该珍惜，什么是不好的该舍弃，应该学会好好整理，让自己的生活永远保留着一副好牌。

　　H.L.亨特于1889年出生在伊利诺伊州农村，是家里最小的孩子。他的父母经营农场，家境比较殷实，但他从小就没有接受过正规的教育。1912年，23岁的亨特开始在阿肯色州经营棉花种植园。第一次世界大战带来了农产品价格的上涨，亨特因此赚了人生中的第一桶金。

1950年，亨特开始转向石油，并组建了自己的石油公司，实现家族化的经营模式。亨特的石油公司事业蒸蒸日上。1974年H.L.亨特去世，他被称为美国石油界的传奇人物。可是，亨特家族震惊世界的历史才刚刚开始。

H.L.亨特有14个孩子，其中，尼尔森·亨特和威廉·亨特是亨特家族的活跃分子。1973年，尼尔森·亨特开始利用整个家族的力量，进行大豆投机，以牟取暴利，后来由于美国政府的控制，亨特家族收到的将不是现金利润，而是堆积如山的大豆。

投机大豆失败后，亨特家族又开始了投机白银。可是亨特家族并不是市场上唯一控制白银的人，比如墨西哥政府当时就囤积了5000万盎司的白银，而且成本远远低于亨特家族的购买价。5000万盎司的巨大抛盘立即摧毁了市场，这次银价暴跌，亨特家族虽然没有亏本，但账面利润已经大大减少了。后来，随着激烈的市场竞争，亨特家族势力开始下降，现在，这个家族已经不再是商业界举足轻重的角色了。

亨特家族失败的经验告诉我们，人生需要重新"洗牌"，保留好的，而摒弃不好的。

生活是平淡的，但生活也可以很精彩。只要你勇敢地去面对生活中的一切，接受生活的酸甜苦辣，创造生活的喜悦，不但不会让你失败，反而会让你生活得更加快乐和幸福。但是有些人太容易让自己沉浸在过去的成功中，认为只有按原来的路线走才会找到成功之门。其实成功之门有很多，根本不可能将一扇门连续打开两次，所以，只有将自己的人生重新洗牌，改变过去的生活方式才有机会再次打开成功之门。

人生如牌局变幻莫测，犹如人不能两次踏入同一条河流，世上也没有两盘相同的牌局，也没有两个一模一样的人生。要成功，人生需要"洗牌"。

> **【低头生气，不如抬头争气】**
>
> 假如人生真的如同一场牌局，而你又能够坚持把牌洗下去，不是中途退场的话，那么，每洗一次牌，你的人生又多了几分精彩。

4. 牌不在于好坏，而在于你想不想赢

成功学界流行的一个著名观点：成功来源于你想要。不想要，不敢要，都会使成功与你无缘。成功者敢于想，失败者则不敢。迈向成功的第一步就需要想："我想赢！"人生这副牌的奇妙之处就是：牌不在于好坏，而在于你想不想赢。

有这样一首小诗："我赢了，而你没有；我赢了，是因为我比你强；我比你强，是因为我拥有的多；我拥有的多，是因为我付出的多；我付出的多，是因为我坚持得长久；为什么我能坚持这么久？不知道。我只知道：我很想赢。"你想赢，就一定能赢。

现实生活中，经常会有人抱怨上帝发给自己一副"烂牌"，然后自甘堕落，缺乏对成功的强烈欲望，阻断了自己踏上成功之路的脚步。而强者就是在困难和挑战面前，超越自我，并且为之努力，那么，最终他们走向了成功的殿堂。

甘相伟，我们很多人对这个名字已经不再陌生了。他出生在一个贫困农民的家庭，就在他年仅五岁的时候，他的父亲去世了。家里没有了顶梁柱，没有了经济来源，他每年的学费都得向别人借。

他没有任何退缩之意，他告诉自己，放学后一定要走着回家，这

样可以磨炼自己，让自己在遇到困难的时候有积极的心态去面对。每次走在路上他都问自己什么时候才能走出这座大山，并且坚信知识能够改变命运，所以一直以来他都非常努力地看书和学习。

高中的时候，因为经济压力和高考压力，再加之自己首次来到陌生的县城，他有一种不适应感。这种不适应感让他的心态渐渐地变得不好了，学习成绩也跟着下降了，他选择了退学。他有一个亲戚在上海打工，所以退学后，他便来到了上海，每天都挣钱很辛苦。后因深深地体会了打工的艰辛和没文化的艰难境况，他决定重返学校。后来，他考上了一所大专院校，大专毕业后他又开始了南下打工。

他在小时候，一直梦想能来到北京，于是最终他放弃了高薪的工作来到了北京。2007年的一天，他在北大的未名湖畔闲逛时，看见一座楼里有一个保安在很认真地看书，他被这一幕深深地吸引了，便走上去和那个保安聊起了天。一聊才知道，这个保安是自己的老乡，在这个保安的帮助下，他也在北大当起了保安。在保安队长问他为什么来北大时，他只说了两点：第一，先求生再求发展；第二，自己是想来北大学习知识、增长见识。

在当保安期间，他除了干好自己的本职工作外，将其余的时间几乎都用在了学习上。通过自己的不懈努力，2008年他考上了北大中文系，获得了与北大学子并肩的机会。在读书的这几年，他坚持着将生活中的一些难忘的事情记录下来。在即将毕业的时候，他将自己这些年写的文字整理出来，结集成册出版，并邀请校长为自己这本《站着上北大》作序。

此书一出，便销售一空，甘相伟这个名字也越来越响亮，并且还荣获了"2011中国教育年度十大影响人物"的殊荣。

在接受记者采访时，他这样说："我是从农村来的，我一直在想这样一个问题，像我这样的一个从社会底层来的小人物，这一生到底能走多远？同时我心中一直有一个信念，知识能够改变命运，我一直秉承着这样的信念在走我自己的路，做真正的自己。"

人生如牌局无常态，如果手中的牌太差，一定要争取赢得胜局；如果手中的牌很糟，更要运筹帷幄，扳回一局。况且，牌桌上不止我们一个人，如果能巧妙灵活地打牌，或许我们最终还是能赢，毕竟没有人能打败你，除非你自己愿意倒下。

成功需要有"我想赢"这种坚定的梦想，心中充满了对胜利的渴望，那么信念里，便会形成一种坚定的价值观。当这种价值观一旦被我们付诸实践，并且成为我们前行的动力时，那么我们必定会抵达成功的彼岸。

> **【低头生气，不如抬头争气】**
>
> 追寻你的梦想，去你想去的地方，做一个你想做的人，因为生命只有一次。感受生命，珍爱生命，生命之花就会盛放出永不凋谢的花朵！成功属于真正想要成功的人。正如卡耐基所说："我想赢，我一定能赢；结果我又赢了。"

5. "烂牌"变成"好牌"

上帝公平地赐予每个人一次生命，其活出的质量，或许有先天的因素，但更多的是靠个人努力。正如打牌一样，一副牌的好坏是注定的，摸到好牌固然难得，"烂牌"也无妨，只要善于运筹帷幄，一样能扭转局势，所以不要抱怨上帝对你的不公。人生路漫漫，遇到困难无可厚非，永远不要屈服于命运，因为命运是掌握在自己手里的，努力才能活出精彩。

俗话说："三分天注定，七分靠打拼。"就像打牌，同样的一把牌，同样的牌数，有时你会摸到好的牌，有时也会摸到烂牌。摸到好牌，自然是件好事，反之，烂牌在手上，又将如何？如果人生拿到一副"烂牌"，不要气馁，要善于扬长避短，以运筹帷幄，决胜千里地睿智，终将化腐朽为神奇。

传说世界上最幸福的人是卖豆子的人，因为豆子卖不出去时，可以打磨豆浆卖，豆浆卖不动时，就再做成豆腐，如果还是无人问津，姑且晒干当作豆腐干卖吧，若依旧不行，干脆做成腐乳卖。

从豆子到腐乳，其间经历的过程有如抽到了一张张烂牌，但通过巧思、提炼，不正是化腐朽为神奇，化坏牌为好牌了吗？

众所周知的股神巴菲特，从一个普通人，到被称为"股神"；双耳失聪的伟大音乐家贝多芬，能在患病期间谱写他人生中最壮丽的乐章——命运交响曲；晚年穷困潦倒的诗圣杜甫，依旧关心国家兴亡，写下诸多意义非凡的诗篇，流芳百世。对于他们来说，他们的人生无不是手持一手"烂牌"，在众人看来，他们的"牌局"必输无疑，可谁能料想到，他们的人生竟有如此大的跨度。在这些背后需要付出多少努力，又需要流下多少汗水？他们能做到，我们为什么不能？谁又能断言你的人生呢？

约翰·克里西是英国著名的作家，在他没有成名之前，投稿的次数是无法想象的，但他得到的七百多张退稿单却与付出不成正比。朋友看到他如此致力于写作却没有任何成果，忍不住劝他停止写作，另谋他就。

但约翰·克里西知道后却告诉他们："虽然它们现在只是一堆废纸，但是假如我成功了，它们的价值就将被重新计算。"他就是带着这样的信念坚持写作，最后得到了如他所愿的结果。

坏牌在不同人眼中价值不同，克里西正是坚信着坏牌总有一天会出好局，因为他没有放弃，所以创造了奇迹。

由此看来，好牌也会带来失败，坏牌也会带来胜利，玩家的掌握才是一局中的决胜点。摸到好牌的人只要合理利用，定能大大发挥出好牌的优势，摸到坏牌的人通过运筹帷幄也能逆转局势，扳回一局。

人生在世不过匆匆数十载，岁月在不经意之中流逝，我们要掌握自己的人生，让我们的人生释放别样的光彩。所以我们要将自己手中的"烂牌"变成"好牌"，笑到最后。

> **【低头生气，不如抬头争气】**
>
> 古人云："苦心人，天不负，卧薪尝胆，三千越甲可吞吴。有志者，事竟成，破釜沉舟，百二秦关终属楚！"人们常说，牌如人生，人生如牌。一把牌拿在手中，要怎么打才是关键，牌已注定，关键是人。你若坚强，便能技压群雄；你若懦弱，便不能笑到最后。

6. 总有一张拿得出手的好牌

无论处于什么样的困境，每一个人都要相信，自己身上永远有着一张拿得出手的牌。在生活中不断地发掘自身的潜力，认识自我，就可以在关键的时候打出这张牌并最终获胜。

宋朝文人卢梅坡在其诗句中写道："梅须逊雪三分白，雪却输梅一段香。"梅花再白，也须逊让雪花三分晶莹洁白，而雪花却没有梅花的清香。事物总有不足之处，智者也总有不明智的地方。人或事物有自己的短处，也必有自己的长处。

在美国，有一个家喻户晓的寓言故事，故事是这样的：

为了跟人类一样，森林里的动物们开办了一所学校。学生中有小鸡、小鸭、小鹅、小鸟、小山羊、小松鼠、小兔子等，学校为它们开设了音乐、跳舞、跑步、爬山和游泳五门课程。

第一节跑步课，小兔子兴奋地在体育场跑了一个来回，并自豪地说："我能做好我天生就喜欢做的事情！"而其他小动物，看着小兔子都非常羡慕它。

放学后，小兔子回到家对妈妈说："这学校真是太好了，我在那里还能跑步，我跑了全班第一名。"

第二天，小兔子跑跑跳跳地来到学校，上课时老师宣布，今天上游泳课。只见小鸭、小鹅一下子跳进了水里，而天生怕水、不会游泳的小兔子傻了眼，其他小动物也不会。

接下来，第三天是音乐课，第四天是爬山课……学校里的每一门课程，小动物们总有喜欢和不喜欢的。

这个故事告诉我们一个通俗的道理，那就是：不能让猪去唱歌，让兔子去游泳。要想成功，小兔子就应该练习跑步，小鸭子就应该练习游泳，小松鼠就应该练习爬树。要想成功就要扬长避短，最大限度地发挥自己的优势。只有发挥自己的优势，避开自己的劣势，才能很好地利用自己手中的牌。

汉·刘向《说苑卷十七·杂言》中记载：甘戊使于齐，渡大河。船人曰："河水间耳，君不能自渡，能为王者之说乎？"甘戊曰："不然，汝不知也。物各有短长，谨愿敦厚，可事主，不施用兵；骐骥、騄駬，足及千里，置之宫室，使之捕鼠，曾不如小狸；干将为利，名闻天下，匠以治木，不如斤斧。今持楫而上下随流，吾不如子；说千乘之君，万乘之主，子亦不如戊矣。"

翻译过来就是：甘戊出使齐国，渡过一条大河。船夫说："河水是个小的间隔，你自己都不能渡过去，还能到君主那里去游说吗？"甘戊回答说："不对，你不了解，事物各有各的长处。那种谨慎老实、诚恳厚道的臣子可以让他们侍奉君主，却不可以叫他们带兵打仗；骐骥、騄駬这样的好马，能够日行千里，如果把它们放到屋子里，让它们捕老鼠，还赶不上一只小野猫；干将可算是锋利的宝剑，天下闻名，可是木匠用它做木工活，还比不上一把普通的斧头。现在用船桨划船，让船顺着水势起伏漂流，我不如你；然而游说各个小国大国的君主，你就不如我了。"

每个人都有自己的优点和不足，我们不但要看到自己的不足，更重要的是要看到自己的优点，取长补短，这样的人生才是快乐、成功的人生。

成功者的成功事实证明：如果你能扬长避短，顺势而为，将自己的优势发挥到淋漓尽致，就会事半功倍、如鱼得水；如果你选择了与自己兴趣、爱好、特长等"背道而驰"的职业，那么，即使后天再怎么努力，也是事倍功半，难以补拙。因此，要想成功，你必须找出属于自己的优势，并将自己的生活、工作和事业发展都建立在这个优势之上，这样方能成功。

【低头生气，不如抬头争气】

上帝对于每一个人都是公平的，世界上没有一个十全十美的人，每个人的身上都有不足之处，但每个人的身上也有独特的地方，假如我们能够充分了解自己之于别人比较出色的地方，在这方面发展，就更有希望取得突出的成就。

7. 不能改变手中的牌，就改变出牌的方式

人的一生就像打牌一样，有人摸到了一副好牌，就必然有人会摸到一副坏牌，但不管怎样，关键要看你以何种方式出牌。打牌的学问在于：不能改变手中的牌，就改变出牌的方式。

人生好比一副牌，来不来好牌靠手气，牌能不能打好看水平。人生努力的目的不外乎有两个：一是手中的好牌一定要打好；二是手中的坏牌也争取打好，竭尽全力让惊喜出现，让遗憾走远！一副牌有多种打法，看你如何去组合。同时要根据对手的优势和劣势，以己所长，攻其所短。

齐国的大将田忌，很喜欢赛马，有一回他和齐威王约定，要进行一场比赛，分别将自己的马分成上、中、下三等。由于齐威王每个等级的马都比田忌的强一些，所以，比了几回，田忌都失败了。这时他的好朋友孙膑对他说："将你的下等马对齐威王的上等马，上等马对齐威王的中等马，中等马对齐威王的下等马，你一定会赢。"于是田忌接受了孙膑的建议，决定再跟齐威王比试一下。于是，田忌的下等马输给齐威王的上等马，输了第一局，接着孙膑拿上等马比齐威王的中等马，获胜了一局。第三局比赛，孙膑拿中等马对齐威王的下等马，又战胜了一局。比赛的结果是三局两胜，田忌赢了齐威王，这让齐威王目瞪口呆。

这就是我们经常所说的"田忌赛马"理论。同样的马匹，由于调换了一下比赛的出场顺序，就得到转败为胜的结果。

兰迪·鲍什说："我们不能改变手中的牌，但可以决定如何出

牌。"人生这场牌局，开局都是一样，过程却大不相同，只要你把握好出牌的方式，生活同样精彩。

在第二次世界大战期间，美国有一个小镇的征兵工作进展缓慢，因为许多年轻人对伤亡充满了恐惧。不久，征兵站贴出一张海报：参军有两种可能，不上前线或上前线；不上前线不要紧，上前线有两种可能，不负伤或负伤；不负伤不要紧，负伤有两种情况，负重伤或负轻伤；负轻伤不要紧，负重伤有两种结果，痊愈或者伤重不治；治愈不要紧，伤重不治的结果只有一种，就是死亡。既然已经死亡，还有什么好恐怖的呢？小镇上的年轻人被海报的推理所折服，打消了顾虑，纷纷报名参军。

同样，人生这副牌，抓到手里的牌有两种可能，好牌或者坏牌；好牌不要紧，抓到一副坏牌后有两种选择，干脆认输或者努力拼一把；认输就算了，拼一把有两种结果，仍然是输或者意外地赢了。既然有"输"做底线，你还怕什么呢？

有时，工作中、生活中我们经常会遇到困难、挫折阻碍我们前进，但只要好好想一想，就可以想出将"烂牌"变成"好牌"的方法。正如人们常说："如果有个柠檬，就做一杯柠檬水。"柠檬，味太酸，不能称作美味。但是，只需稍微改变一下出牌的方式，把柠檬做成柠檬水，却可以使它比任何甘甜的果汁饮料都更有味道。由此看来，只要我们用心，能够变通地思考，改变出牌的方式，就有可能从一件"坏事"中找到正面的因素，达到趋利避害的目的。

不能改变手中的牌，就改变出牌的方式。这是一种智慧，是一种变通。当问题出现时，就像我们的手中握着一把糟糕的牌，状况难以改变，这时我们只能改变自己的思路，改变行事的方法，进而让自己变得优秀，变得卓越。

【低头生气，不如抬头争气】

　　人生如牌局。识牌理、懂布局，打牌方可获得胜机；知进退、明得失，人生才能从容自如。不能改变手中的牌，就改变出牌的方式。这是一种变通，更是一种智慧。

---

8. 面对牌局出牌才是"关键"

　　人生如牌局：上帝发牌，他人洗牌，自己出牌。人生好似积木，需要细心合理地安排，才能令人眼前一亮；人生也似牌局，每个人手中的牌都不同，需要运筹帷幄，方能出奇制胜。

　　打牌是一种大众化的消遣方式。从概率统计的角度来讲，一把牌分摊下来，每个玩家手里的牌数均等，能摸到好牌固然难得，如何合理使用更为重要。有时候，摸到的是"烂牌"，但通过玩家的运筹帷幄，常常能够左右局势，笑到最后。其实，人生也如此，每一个人的人生道路都不是一帆风顺的，关键是你如何去应付。

　　世上有三种人：第一种人承受生活，觉得一切都是命中注定，便一步一步随波逐流地活到老；第二种是创造生活，认为生活就是一块洁白的画布，美好的前景全由自己去勾画；第三种人迎接生活，觉得生活就像手中的一副牌，虽然牌面是注定的，但出法却由自己掌握。

　　人一出生，上帝就给他一手牌，不管是好是坏，都不可更换，必须要出。好牌，如果出的方法不对，结果也会变坏。烂牌，如果出的方法科学，也会有意想不到的好结果。所以说，成功的关键不是在于手里的牌的好坏，而是看你如何出好手中的牌了。

美国约翰逊黑人化妆品公司的产品开始投入市场时，由于规模小，加之当时国内最大的黑人化妆品公司——佛雷公司制造的化妆品已经垄断了已有的黑人化妆品市场，所以约翰逊黑人化妆品公司在打开市场、促进销售方面收效甚微，并且以约翰逊黑人化妆品公司现在的实力，短期内无法与佛雷公司生产的黑人化妆品相抗衡，约翰逊黑人化妆品公司长期处于"被压抑"的状态中。

百思之后，约翰逊终于决定采用一种手段"把自己告诉别人"，扩大知名度。他采用"衬托术"，巧借佛雷公司的响亮名声促进本公司产品的销售。于是，约翰逊提出一句看似平庸而实际内涵丰富充实的宣传口号："当你用过佛雷公司的化妆新产品之后，再涂抹一次约翰逊的粉质膏，将收到意想不到的效果。"

果然，这种含有提示性的广告词吸引了很多顾客。因为用过佛雷公司开发中心化妆品的顾客不在乎试用一下配套的其他牌子的产品；而没有用过佛雷公司中心化妆品的顾客，也会把两种牌子的化妆品相提并论，并通过使用比较一下两种化妆品的效果。这样一来，佛雷化妆品公司产品的名声带动了约翰逊公司产品的名声，约翰逊的目的也就达到了。

有一段时间，约翰逊公司生产的化妆品大销。约翰逊抓住这个时机趁热打铁，趁着大众对他的化妆产品犹有印象之机，立即设法扩大市场占有率，加速产品的开发，接连推出许多各具特色的系列黑人护发、护肤用品。短短几年间，约翰逊黑人化妆品已远远超过了佛雷公司产品的生产经营，垄断了黑人化妆品市场。

攀附名牌，善于借助别人的力量，使得约翰逊黑人化妆品迅速在市场上崛起。

一个人成功并不是因为他自己手中拿了多少置别人于死地的牌，而在于如何将手中持有的牌打好，即使满是看起来并不是很好的牌，也一定会有人将坏牌打得风生水起，也一定会有人将它打得一败涂地。

百度，目前中国最成功的搜索网站，它的成功原因何在？

每当我们打开其他网站，网页上都会出现一些黄金广告，时不时便会出现浮动、弹出的小框，速度较慢。调查表明：人们若在12秒内找不到所要的信息，便会开始不耐烦，从而退出、离开。于是，百度利用这一点在寸土寸金的网页上留下大片空白，只有一个简洁朴素的关键字输入框，速度极其快。

正是由于这一商业决策，百度成为中国搜索网站巨头。因此，合理利用好手中的牌，运用得当便是赢家。

同样，知名品牌海尔占据了电器市场的半壁江山，其原因也是由于制定了正确的经营方针。

曾经，海尔因为质量问题一度陷入困境，几乎面临倒闭。然而，管理者想到了方法，他们当众砸掉了质量不过关的洗衣机，并承诺今后海尔绝不会出现质量不合格的产品。慢慢地，海尔恢复了原有的生机；慢慢地，海尔成为国际知名品牌。

同百度、海尔一样，要想打好人生的牌也需要智慧，也需要掌握一定的知识和能力。

> **【低头生气，不如抬头争气】**
>
> 　　人生就是这样，充满了大大小小的牌局。不要在乎你抓住了什么牌，而是你面对许多选择，如何组织，如何选择，这是打好牌的关键一步。面对人生这场牌局，无论好牌、烂牌，合理利用更为重要。倘若利用得巧，利用得妙，即使在荒漠中也能看到春芽的萌动；而利用不好，好牌也会沦为烂牌，终究是浪费。

第四章

你想成为什么，就会成为什么

汤玛斯·萨斯曾说："人们经常会信口说什么尚未找到自我，但是事实上，自我并不是被找出来的，它是被创造出来的。"你的生活就是你一生唯一的创造，你想要它变成什么样子，它就会是什么样子；你想成为什么样的人，你就能成为什么样的人。

1. 你就是你想成为的那种人

在人心里的武器库里，我们既可以打造出毁灭自己的武器，同样也可以创造出新的工具，给自己在心灵里盖一所和平喜悦的大厦。生命本身并没有意义，它的意义在于你的赋予，你赋予它希望，它就给你实现希望的可能。

信念是浇灌花草的雨露，没有它，就只有枯黄的枝叶；信念是指引船只的航标，没有它，就只有随波逐流的孤舟。信念是不竭的力量源泉，你的信念指引着你的行动，你的行动带你走向成功。这是一个过程，它让你向着目标前进。信念犹如一把火，把远处照亮，即使看不清，也隐藏着变成现实的可能性。

一百多年前，一位贫穷的牧羊人带着年幼的两个儿子放羊。有一天，他们正赶着羊经过一处山坡时，一群大雁排着长队从头上的天空飞过，很快消失在远方。

牧羊人的小儿子问父亲："大雁要往哪飞啊?"

父亲告诉他："它们要去一个温暖的地方，在那里安家，度过寒冷的冬天。"

大儿子眨着眼睛羡慕地说："要是我们能像大雁那样飞起来多好啊!"

小儿子也说："要能做一只会飞的大雁就好了。"

牧羊人沉默了一会儿，然后对两个儿子说："只要你们想，你们也能够飞起来。"

两个儿子试了试，都没能飞起来，他们用怀疑的眼神看着父亲。

牧羊人说："让我飞给你们看。"于是他张开双臂，学着大雁的样子，但也没能飞起来。可是，牧羊人肯定地说："我因为年纪大了才飞不起来，而你们还小，只要你们肯努力，将来一定会飞起来的，到那时，你们就可以去任何你们想去的地方了。"

两个儿子牢牢记住了父亲的话，并一直努力着。等他们长大的时候，哥哥 36 岁，弟弟 32 岁，两人果真飞起来了，因为他们经过自己的努力，发明了飞机。

这个牧羊人的两个儿子，就是著名的莱特兄弟。

一个人的命运把握在自己的手中，只要自己相信自己，那么一切皆有可能。只要心里有坚定的信念，有渴求成功的强烈欲望，干枯的沙子有时也可以变成清冽的泉水。

罗迪，一名英国的退休教师。一天，他在书房里整理自己的书籍时，发现了一叠练习本。翻开一看，原来，是他 50 年前所教的那批学生的作文，题目叫作：未来我是……

罗迪随手翻开，很快被孩子们那些五花八门甚至出奇的梦想吸引住了：一个学生写道，未来的他想成为一名海军大将，指挥着全国的海军部队，威风得很；有一个学生说他将来会成为法国总统，因为他的爷爷是法国人；有一个女学生说，她将会成为王妃，和王子一起住在城堡里；还有一个盲童想成为内阁大臣；有的想成为海豚训练师、航海员、香水制造师……孩子们的梦想千奇百怪，应有尽有。

看着看着，罗迪突然有个想法：曾经有过这些梦想的孩子，现在在做些什么，是否实现了他们当初的梦想？他想把这些本子还给那些学生们，于是他便在很多报纸上刊登了这则启事。

很快，那叠本子渐渐地被人领走了。他们感谢老师还留着 50 年前的作文，他们看到自己当初的梦想，都感动得流下了眼泪。可是，他们谁也没有实现自己的愿望。最后，还剩下一个练习本没有被人领走，它的主人就是那个想成为内阁大臣的盲童乔治。罗迪想，也许那个叫乔治的学生无法看报纸，不知道这个消息吧。就在罗迪想把那个本子收藏起来的时候，他收到了内阁总理大臣布伦克特的一封信。他在信中说："亲爱的罗迪老师，那个叫乔治的孩子就是我。感谢你还为我们保存着儿时的梦想，但是我想我不需要那个本子。因为从立下那个梦想后，它就一直存在于我的脑海中，我一天也没有忘记。50年过去了，我可以自豪地说，我实现了那个梦想！"

那么，不妨从现在开始改变自己，要记住："你就是你想成为的那种人。"无论什么时候，你都要经常用这句话来鼓励自己，直到它成为习惯。最终，你会发现，自己真的会成为当初想要成为的那种人。

【低头生气，不如抬头争气】

生命是有限的，希望是无限的，生命是可贵的，生活是美好的。你就是你想成为的那个人，无论面对生活还是工作，只要我们不忘每天给自己一个希望，我们就一定能够拥有一个丰富多彩的人生。

2. "失望"走开，"希望"才上门

有理想的地方就是天堂；有希望的地方，痛苦也成欢乐。雨果曾经说过："只有信仰才让思想发出火花，只有希望才让未来发出光芒。""失望"走开，"希望"才上门。

希望为我们带来了美好，美好的希望更是让人激动，让人无限憧憬。只要心中有希望，我们就可以拥有一个无限精彩的未来。心存希

望才能获得胜利的果实，失去希望，生命就会枯萎。只要心中怀有希望，就没有什么能够阻挡我们对美好生活的追求，无论脚下路有多长。

生活并不像我们想象的那样，总是充满了阳光和坦途。当你在困境中对生活失望的时候，不妨抬头看看蓝天，感受一下生命的可贵与生活的温暖，或许你就能够找到重新走下去的勇气。

一夜之间，一场雷电引发的山火烧毁了美丽的"森林庄园"，刚刚从祖父那里继承了这座庄园的保罗·迪克陷入了一筹莫展的境地。

百年基业，毁于一旦，怎不叫人伤心。保罗决定倾其所有修复庄园，于是他向银行提交了贷款申请，但银行却无情地拒绝了他。

再也无计可施了，这位年轻的小伙子经受不住打击，闭门不出，眼睛熬出了血丝，他知道自己再也看不见曾经郁郁葱葱的森林了。

一个多月过去了，年已古稀的外祖母获悉此事，意味深长地对保罗说："小伙子，庄园成了废墟并不可怕，可怕的是，你的眼睛失去了光泽，一天一天地老去，一双老去的眼睛，怎么能看得见希望……"

保罗在外祖母的说服下，一个人走出了庄园。

深秋的街道上，落叶凋零一地，一如他零乱的心绪。他漫无目的地闲逛，在一条街道的拐弯处，他看到一家店铺的门前人头攒动，他下意识地走了过去。原来是一些家庭主妇正在排队购买木炭。那一块块木炭忽然让保罗的眼睛一亮，他看到了一丝希望。

在接下来的两个星期里，保罗雇了几名炭工，将庄园里烧焦的树木加工成优质的木炭，分装成1000箱，送到集市上的木炭经销店。

结果，木炭被抢购一空，他因此得到了一笔不菲的收入，然后他用这笔收入购买了一大批新树苗。几年以后，"森林庄园"再度春意盎然。

保罗说："一把火可以烧毁我们的希望，一片死灰里同样可能蕴藏着生机，这要看你有一双怎样的眼睛。"

当你内心充满希望的时候，不管遭遇什么样的不幸，依然会顶风前进。今天，我们必须正视不幸，正视"希望"，你就可能从失望中找到希望，只有在失望中找到希望才是建设性的希望。

在一个人烟罕至的山谷里，有一个陡峭的悬崖。不知道从什么时候，悬崖边开始长出了一株小小的百合。百合刚刚长出的时候和周围的杂草一模一样。但是，百合心里却明白，自己跟周围的野草是有区别的。它的内心深处，有一个响亮的声音在提醒自己：我是一株百合，而不是一株野草，唯一能证明我的方法就是开出洁白的花朵。

有了这个念头，百合努力地吸收水分和阳光，在悬崖上深深地扎根，直直地挺着胸膛。飞过的蜂蝶鸟雀有时会劝百合，不用那么努力地证明自己，在这段崖边上，纵然它开出全世界最美丽的花朵，也不会有人来欣赏。

百合却不为这些冷言冷语放弃自己的希望，它告诉它们："我要开花，是因为我知道自己的美丽。而且，也是我与生俱来的使命。不管有没有人来欣赏，不管你们怎么看我，这是我心中的希望，是我努力生长的动力。"

在野草和蜂蝶们不解的眼神中，百合努力地汲取着能量。有一天，它终于开花了，它那灵性的白和挺秀的风姿，成了断崖上最美丽的风景。从此以后，每一年百合都努力地开花。它的花籽乘着风落到山谷、草原和整个悬崖上，山谷里到处都开满了洁白的百合。

几年后，远在千里之外的人，从城市、乡村，千里迢迢赶来欣赏满山谷的百合开花。他们嗅着百合花的芬芳，许多情侣甚至在这动人的花海里许下了"百年好合"的誓言。无数人被感动得流泪，因此悬崖上那茂密的百合触动了人们内心最纯净的一角。

但丁说："我们唯一的悲哀就是生活于愿望之中而没有希望。"给自己树立"梦想"，便会给生命充电。有了梦想，你便会对明天充满憧憬和希望，你的生命便会由此而焕发新的光彩，你的人生也会由此而不同凡响。

【低头生气，不如抬头争气】

  绵绵的春雨为大地播种下希望；弱小的花蕊是花朵萌生的希望。希望是黑暗中东边那一缕亮光，希望是清晨露珠下那朵含苞待放的花蕾。拥有希望，我们将活得生机勃勃、激昂澎湃，哪里还有时间去叹息、去悲哀，或将生命浪费在一些无聊的小事上，让时光荒废在过去中呢？

3. 相信自己行，就一定行

信心是惊雷，是骤风，横扫一切拖沓、迟滞、忧郁与懒惰；信心是战鼓，是号角，是旌旗，激励斗志，催人奋进，勇往直前，迎接挑战；信心是阳光，是雨露，是琼浆，助人思维敏捷，精神抖擞，挥洒一切；信心是发挥主观能动性的阀门，是启动聪明才智的马达，是摆脱烦恼、战胜自己、告别自卑的一剂良药。相信自己行，就一定行。

一位成功人士曾经这样说："你成就的大小，往往不会超过你的信心的大小。不热烈地坚强地希求成功、期待成功，而能取得成功的，天下绝无此理。成功的先决条件就是自信。"上帝只拯救自救的人，成功属于愿意成功的人。所以相信自己行，就一定行。

相信自己，就是成功了一半；相信自己，才能让别人相信。所以在做任何事情之前，首先要让自己相信，从内心里坚信自己一定可以。只有信服自己的人，方能使人信服。

美国心灵励志大师皮克·菲尔被人们亲切地称为菲尔博士，在对自信的研究和推广的过程中，获得了来自全球的赞誉，成为了一位名副其实的励志大师。同时也是因为他的自信，影响了更多的人。

他的成功来自于相信自己的成果，相信自己能够使更多的人走出阴影，同时也是这个研究和努力，让更多的人重新找回了信心。

无论我们是一个什么样的人，身处怎样的环境，只要对自己充满信心，保持一个良好的心态，那么任何困难都可以克服，并且一定会取得惊人的成绩。

生活是充满很多可能性的。莎士比亚说过："本来不可能的事，大胆去尝试往往能成功。"失聪的贝多芬扼住了命运的咽喉，谱写了一曲曲不朽的名作；身为残疾的海伦·凯勒以其顽强的毅力，用文字抚慰了她不幸的人生。

天花是一种强烈传染病，18世纪在欧洲曾大规模爆发，因感染天花而丧生的人超过了一亿。这种可怕的疾病会使人整天发高烧，并且死亡率极高，即使逃过一劫也会在脸上留下难看的疤痕，而天花这个名字正是因此而来。

爱德华·琴纳是英国的一名乡村医生，作为一名正直的医生，眼看着大量的居民因感染天花而死去，心里很不是滋味，但他又明白这一切自己无能为力。一次，村里的检察官让琴纳统计一下村里因天花而死亡的人数。他挨家挨户了解后发现，镇上几乎每家都有天花的受害者，但奇怪的是，养牛场的挤奶工没有任何人死于天花或被天花感染。

他疑惑地向当地一名挤奶工询问："你们被天花感染过吗？或者，奶牛会不会被天花感染？"挤奶工告诉他，牛也会生天花，但是牛感

76

染天花以后，只会在皮肤上出现一些小脓包，过段时间就会消退。挤奶工给患过牛痘的牛挤奶时，有时也会感染牛身上的天花。

琴纳由此发现，凡是得过天花的挤奶工，就不会再被感染。他想，或许得过一次天花，人体就会产生抗体了。从此，他就开始研究牛痘来预防天花。经过二十多年的坚持，琴纳终于成功了：他从牛身上获取"牛痘浆"，接种到人身上，使接种的人也像挤奶工那样得轻微的天花，产生抗体后就不会再患天花。

在琴纳研究"牛痘接种"的20年里，遭遇过无数冷嘲热讽，有人甚至说："如果把牛痘移植给人，那么人就会长出角来，会像牛一样'昂昂'叫。"甚至有人建议剥夺他的行医资格，把他从医学会开除。这些来自世俗的压力，并没有使琴纳退缩，他相信他的研究是对的，一定会成功的。他认为这将是未来社会人类的福音。就在他与医学家们争辩的同时，他继续进行研究，终于在不懈地努力下，他把自己这个对未来社会的福音延续了下去，为现在的人类创造了一个安宁的生活环境。

信心是力量，信心是奇迹，信心是创立事业的资本，信心是命运的主宰，只要我们带上满满的自信，就能够扬帆破浪，从暗夜和昏黑奔向晨曦和黎明。

【低头生气，不如抬头争气】

卡耐基曾说："要是一个人充满信心地朝理想的方向去努力，决心过他所想过的生活，他就一定会得到意外的成功。"谋事在人，成事在天。只要勇于尝试，充满信心，就拥有无限机会。

4. 想要他人看得起，就要先看得起自己

小溪，从不自卑自己的浅薄，时刻坚信，只要前进，终会发现大海；小草，即使不能献给春天一缕芳香，也要把一片新绿献给大地。想要他人看得起你，就要先看得起自己。即便你什么都没有，也一定不要看不起自己，那样只会让自己越来越堕落，更不可能让他人看得起你。一个人只有什么时候都看得起自己，才会为做一个成功的人而努力。

在生活中，我们每个人都不希望他人看不起自己，可是我们并不能左右他人的思想。但是怎样才能让他人看得起你呢？我们首先要做的就是自己看得起自己，一个人如果连自己都看不起自己，那又怎么指望他人看得起你呢？

从前，有位王子长相十分英俊，可惜他是一个驼子，这个缺陷令他非常自卑。

一天，国王请了全国最好的雕刻家来，准备给王子塑一座雕像。过了一段时间，雕像刻出来了。只见雕刻家刻出来的雕像没有驼背，背是直挺挺的。国王命人将此雕像竖立在王子的宫前。

当王子看到宫前的雕像时，心中十分震撼。几个月后，百姓们都说："王子的驼背不像以前那么严重了。"当王子听到这些话时，内心受到了极大的鼓舞。

有一天，奇迹出现了，当王子站立时，背是直挺挺的，与雕像一模一样。

人一自卑，就自己看不起自己了。人最重要的是自信，自己要先

看得起自己，别人才会看得起他。

人人都想得到他人的认可，都希望别人看得起自己，但是假如一个人连自己都看不起自己，那么别人怎么看得起他呢？要想别人看得起自己，首先自己就要看得起自己。

美国著名心理学教授基恩博士曾跟他的病人讲了这样一个故事：

一天，几个白人小孩正在公园里玩，这时一位卖氢气球的老人推着货车从公园的广场经过，那几个白人小孩看到后，便蜂拥跑过去一个人买了一个，兴高采烈地追逐着放飞在天空中色彩艳丽的氢气球。在公园的角落里坐着一个黑人小孩，他羡慕地看着白人小孩嬉戏打闹，但他不敢和他们一起玩，因为他很自卑，他害怕那些白人小孩挖苦他。因此，等白人小孩的身影消失后，他才怯生生地走到老人的货车旁，用略带恳求的语气问道："你可以卖一个氢气球给我吗？"老人用慈祥的目光打量了他一下，温和地说："当然可以，你要什么颜色的？"小男孩鼓起勇气回答："我要一个黑色的。"老人惊诧地看着黑人小孩，递给了他一个氢气球。

黑人小孩非常开心地拿过气球，小手一松，黑色气球在微风中冉冉升起，在蓝天白云的映衬下形成了一道别样的风景。

老人笑容满面地看着上升的气球，一边用手轻轻地拍了拍黑人小孩的后脑勺，说："记住气球能不能上升，不是因为它的颜色、形状，而是气球内在有没有充满氢气。一个人的成败不是因为种族、出身，关键是你的心中有没有信心。"

那个黑人小孩就是基恩博士自己。

要想让别人看得起你，首先你得看得起自己。你可以在一段时间内很落后，但只要你不服输，你一样可能创造奇迹。

【低头生气，不如抬头争气】

　　所有的胜利，与征服自己的胜利比起来，都是微不足道的；所有的失败，与失去自己的失败比起来，更是微不足道。要想让别人看得起，就必须自己先征服自己，看得起自己。

5. 谁都可以创造奇迹

　　汪国真曾经说过："悲观的人，先被自己打败，然后才被生活打败；乐观的人，先战胜自己，然后才战胜生活。"生活中只要我们坚强、自信、乐观……才会为自己理想飞扬的青春奏响命运的乐章，才会跻身于社会的顶端追求那道飞架在云间的巅峰，才会为自己灿烂的明天画上一笔无悔的惊叹号。

　　有这样一首小诗《谁都可以创造奇迹》：如果你是水晶，就不要害怕会碎成玻璃，造物主在创造生命的那一刻，就赋予了只属于它们自己的奇迹。卑微和丑陋，都不可以被轻视，种子能够突破千年的阴霾见到尘世的阳光，蜘蛛也可以织出轻巧的网。因为足够珍惜自己的渴望，谁都有创造奇迹的力量。是的，人世间有许多奇迹，而人比所有奇迹更神奇，谁都可以创造奇迹。

　　尤利乌斯·马吉出生在苏黎世郊区，家境贫寒，还没读完初中就辍学了。然而，很多年过去了，他最擅长的却是跟他父亲一样磨面粉。父亲曾悲哀地对他说："你这辈子注定磨面粉了。"

　　马吉对父亲的话不以为然，他反驳道："不，我不会这样过一辈子，绝不。"不久，父亲撒手而去，唯一留给他的就是那两面旧磨盘，看着那破旧的磨盘，绝不向命运低头的马吉开始考虑如何改变现状。

在他 20 岁那年，马吉从他朋友处得知：干蔬菜可以保留住蔬菜原有的营养成分。他想：若将若干蔬菜和豆类放在一起磨，磨成的汤不是更有营养吗？于是，他马上向朋友借钱购买机器，开始研制自己想象中的汤料。就这样，一个灵感加上果断的行动，马吉很快便获得了成功，研制出了最早的速溶汤料。

马吉的速溶汤料使很多家庭主妇从繁重的家庭劳动中解脱出来，而且使她们熬制的汤更有营养了，就这样马吉马不停蹄地琢磨着自己的下一步计划。

经过反复地试验，马吉终于在 1890 年研制出了可以改变沙司、凉菜、鱼汤和配菜味道的万能调料。后来，他又推出了经久不衰的浓缩肉。如今，马吉的公司已经成为了资产超过亿万的跨国公司。

在一次演讲中，马吉告诉听众："就算命运只赐给我最简陋的两张磨盘，我依然能创造无限的可能。"

"命运"掌握在自己的手里，"奇迹"是用自己的双手创造出来的。"创造奇迹"不是如凌驾于齐鲁大地的泰山之极，难以登攀。我们只要凭自己的双手，就能去改变命运，创造奇迹，开拓出属于自己的一片天空。

鲍勃·威兰德是美国一位越战时期的残疾军人，也是美国家喻户晓的英雄。他在人们心目中的英雄形象不是靠越战时期作战的英勇和赫赫战功形成的，而是他坚强的意志、勇气和他所创造的奇迹。

1969 年，23 岁的鲍勃·威兰德应征从军远赴越南战场。不幸的是，刚到越南的第二个月，他就在越南西贡市近郊的亚热带密林中踩上了地雷，腰身以下顷刻间不复存在。他由一个身高 190 厘米、体重 90 公斤的魁梧男子变成了不足一米高、有手无腿的半截人。

面对这样的人生遭遇，灰心丧气以至轻生厌世都是可以想象的，但是鲍勃·威兰德没有，他选择了另外一种方式！

鲍勃·威兰德告诉关心他的人："我是不会求助于别人的。"他对人们说：没有了双腿，我还有双手，我可以用双手代替双腿。在医院里，他拒绝护理人员给他更衣，上下楼梯他也拒绝护理人员搀扶。"我有双手，我什么还都能做。"他这样告诉护理人员。开始他很吃力，但不久他就行动自如了。后来他又学会了自己驾驶汽车，又重新踏进了洛杉矶的大学校门，甚至考取了体育教师的资格。

鲍勃·威兰德自强不息的精神感动了许许多多的美国人，也打动了一位时装模特的芳心，她毅然冲破世俗的压力，与他相携走进婚姻的殿堂。

不久，鲍勃·威兰德又做出了一个令所有美国人瞠目结舌的举动，他要用手"跑"完从洛杉矶到首都华盛顿的5000公里路程。几乎所有的人都认为这是个不可思议的决定。5000公里路程，沿途既有连绵起伏的山路，也有荒无人烟的戈壁沙漠，还有人迹罕至的原始森林。他的家人都极力劝阻他，舆论也在积极赞美的同时奉劝他为了身体三思而后行。但是鲍勃·威兰德下定了决心，他说："我并不认为自己是个残疾人。只要是你想做的事情，那你就一定能够做到，就看你想不想做了。"

伟大的鲍勃·威兰德上路了。从一开始起程，他就成了美国舆论的焦点，几乎所有的美国报刊都始终关注着他的一举一动。所到之处，他都受到了空前的欢迎。无以计数的家长带着自己的儿女到鲍勃·威兰德的经过之地等待他的到来，他们要告诉自己的孩子，这个人就是那个征服自己的人，就是那个从来都不知道什么是困难的人，就是那个从来也不求助别人的人。

他耗费了三年零八个月零六天的时间，用自己的双手，走完了从美国西部的洛杉矶到美国东部的华盛顿，跨越整个美国大陆的5000

公里路程！其间，经历过 45 度的沙漠高温，经历过零下 20 度的严寒，爬上过海拔 2400 米的山路要塞。但坚强的鲍勃·威兰德都战胜了它们，他最终走到了华盛顿。

在美国，鲍勃·威兰德是勇气、坚强、意志的代名词。他的那句话已经融入很多美国人的血液里：我是不会求助于别人的，谁都能够创造奇迹。没有人知道自己到底具有多大的潜能，因而没有人知道自己会有多么伟大。请你多给自己一些肯定，把自己想象得更优秀一点，这样，你就会变得更加优秀。

> **【低头生气，不如抬头争气】**
>
> 请记住这句话："谁都可以创造奇迹！"只要我们凭借着一颗不屈不挠的心，接受生命的挑战，用"爱心"去拥抱世界，就能创造出那振奋人心的人生奇迹。

6. 思路决定出路

性格决定命运，思路决定出路。基于现状，你必须有一个清晰的思路。思路决定了你现在需要做什么，现在所做的又决定了你未来的发展。

"思路"是指一个人做事的思维和发展的眼光，它决定了个人成就的大小。思路决定出路，生活工作，没有思路不行；组织管理，没有思路不行；企业经营，没有思路不行……在逆境和困境中，有思路就有出路；在顺境和坦途中，有思路才有更大的发展。

有这样一则故事：

有三个人同时被关进监狱，监狱长说："现在可以满足你们每个人一个要求。"古巴人爱抽雪茄，所以就要了三箱雪茄；法国人天生浪漫，就要一个美丽的女子相伴；而犹太人说，他只要一部与外界沟通的电话。

几年后，三个人服刑期已满。第一个冲出来的是古巴人，他嘴里塞满了雪茄，并且大声喊叫："给我火，给我火！"原来他忘了要火了。接着出来的是法国人，只见他手里抱着一个小孩子，还牵着一个孩子，而且那美丽女子肚子里还怀着一个孩子。最后出来的是犹太人，他紧紧握住监狱长的手说："这几年来我每天与外界联系，我的生意进展得很是不错，比之前的利润增长了很多，为了表示感谢，我送你一辆豪车！"

思路定位决定一个人的人生发展，在心目中你把自己定位成什么，你就是什么，因为定位能决定人生，定位能改变人生。

尼采曾经说过："聪明的人只要能认识自己，便什么也不会失去。"正确认识自己，才能充满自信，才能使人生的航船不迷失方向。正确认识自己，才能正确确定人生的奋斗目标。只有有了正确的人生目标并充满自信地为之奋斗终生，才能开启成功的人生之门，谱写卓越的人生乐章。

三个石匠在一起雕刻石头，有人问他们："你们在这里做什么？"

第一位石匠回答说："我在雕琢石头，凿完这块石头我就可以回家了。"

第二位石匠回答："我在雕琢石头，你看我做的雕像，虽然很是辛苦，但是却收入颇高。"

第三位石匠手中仍旧拿着工具，热情地回答说："快来看看，我在做一件工艺品。"

几年后，那个人再次去看这三个石匠，去看他们都在做些什么，可是，令他吃惊的是：那个说雕完就可以回家的人已经找不到工作了，因为，随着技术的进步，他的手艺已经不适应发展了；那个说在做雕像的人，虽然有了很多钱，但自己还是在忙于雕刻；最后一个说在做工艺品的人，已经是当地赫赫有名的建筑设计大师了。

有什么样的思路，就会有什么样的出路，这就叫思路决定出路。对于普通人，思路决定自己一个人和一家人的出路。当初干同样工作的三个工人，有着三种不同的思路，也造就了三种不同的结果。

> **【低头生气，不如抬头争气】**
>
> 其实生活工作，没有思路不行，组织管理，没有思路不行，企业经营，没有思路不行。当人们在事业、工作、人际关系、爱情、生活等方面遇到困境和难题时，思路，影响命运、决定成败。

7."坚持"就是成功

金樱《格言联璧》说："日日行，不怕千万里；常常做，不怕千万事。"荀子《劝学》中言："骐骥一跃，不能十步；驽马十驾，功在不舍。锲而舍之，朽木不折；锲而不舍，金石可镂。"人贵在坚持。坚持就是成功，坚持就有收获。

蜗牛因坚持，所以能爬上金字塔顶得到了雄鹰的世界；乌龟因为坚持，所以获得了超过兔子的荣誉；愚公坚持而让山移。歌德曾说："只有两条路可以通往远大的目标，力量和坚持。力量只属于少数得天独厚的人；但是苦修的坚持，却艰涩而持续，能为最微小的我们所用，且很少不能达成它的目标。"坚持就是胜利，坚持就有收获，只有坚持，才能开启成功的大门，我们要有所成就，就要坚持到底。

　　英国作家 J. K. 罗琳，所创作的那个文质彬彬，充满才气，富有冒险精神，对朋友真诚、友善的小男孩以及伴着他那传奇的经历，征服了全球亿万读者。"哈利·波特系列小说"的成功不仅为 J. K. 罗琳创造了人气，而且还增加了收入，成了全球最富有的作家之一。而罗琳是怎样做到这些的呢？

　　和其他作家一样，年轻的罗琳酷爱写作，是一个天真烂漫、充满幻想的英语教师，平日里闲下来的时候就开始自己喜欢的写作。幸福的家庭，称心的工作都足以让罗琳满足。可是天有不测风云，让她没想到的是，甜蜜的家庭、美满的婚姻和理想的工作在一瞬间变成了昨日云烟。丈夫离她而去，工作也没了，身无分文，再加上嗷嗷待哺的女儿，罗琳一下子变得穷困潦倒。但是，家庭和事业的失败并没有让她打消写作的念头，用她自己的话说："或许是为了完成多年的梦想，或许是为了排遣心中的不快，也或许是为了每晚能把自己编的故事讲给女儿听。"每天除了工作，没有了家庭琐事的操心，她终于可以静下心来不停地写作了。有时为了省钱和省电，她就去咖啡厅里写，投入的写作几乎让她忘记了疲劳，就这样，她写呀写，终于，第一本《哈利·波特》诞生了。然而，罗琳向出版社推荐这本书的时候，却遭到了一次又一次的拒绝，没有谁对这本写给孩子的童话故事感兴趣。可罗琳并不气馁，而是仍去说服出版商们出版她的作品，真可谓是功夫不负有心人，英国学者出版社同意出版她的作品。第一本《哈利·波特》的出版创下了出版界的奇迹，现如今已被翻译成 35 种语言在 115 个国家和地区发行，引起了全世界的轰动。

　　罗琳成功了。

　　罗琳的成功秘诀，就是坚持。坚持使她战胜了困难，从而取得了辉煌的人生成就。

　　每一个人都见过成功的彩虹，都尝过成功的喜悦，而成功的秘诀是什么呢？那就是坚持不懈的精神。

林肯，美国历史上一位伟大的总统，然而，他的成功和辉煌正是用他不懈的坚持铺就的。1832年，林肯失业了，这使他伤心不已。他曾下决心要当政治家，当州议员，但糟糕的是，他竞选失败了。

紧接着，他开始着手开办企业，但不到一年，企业又倒闭了。这次他不仅赔光了所有的积蓄，而且还欠了大笔债务，以至于在后来很多年里，他为生活到处奔波。

随后，林肯决定再次参加竞选州议员，这次他成功了。他内心终于萌发了一丝希望，认为自己的生活有了转机："也许我要成功了！"

1835年，林肯想结婚了。但结婚前的几个月，他的未婚妻却不幸去世，这给他带来了巨大的精神打击。在接下来的日子里，他曾经心力交瘁，数月卧床不起。

1838年，林肯觉得身体状况逐渐良好，于是决定竞选州议会议长，可他再次失败了。1843年，他又参加竞选美国国会议员，而这次仍然没有成功。他知道，只要坚持，终会成功。1846年，他又一次参加竞选国会议员，最后终于当选了。

两年任期很快过去了，他决定要争取连任。他认为自己作为国会议员表现是出色的，相信选民会继续选他。但结果很遗憾，他落选了。

这次竞选，让他赔了不少钱。他申请当本州的土地官员，但州政府把他的申请退了回去，上面指出："作本州的土地官员要求有卓越的才能和超常的智力，你的申请未能满足这些要求。"接连又是两次失败。在这种情况下，林肯还会坚持并继续努力吗？

作为一个聪明人，他没有服输。1854年，他竞选参议员失败了；两年后他竞选美国副总统提名，结果被对手击败；又过了两年，他再一次竞选参议员，还是失败了。

林肯尝试了 11 次，可只成功两次，但他一直没有放弃自己的追求，一直在坚持，经过不懈地努力，1860 年，他终于当选为美国总统。

纵观历史，李白铁杵磨成针，屈原洞中苦读，匡衡凿壁偷光，他们的精神印证了"贵有恒，何必三更起五更睡，最无益，只怕一日曝十日寒"的道理。坚持，使狄更斯为人们留下许多优秀著作，也为世界文学宝库增添了许多精品；坚持，使爱迪生攻克了许许多多的难关，为人类的进步做出了不可磨灭的贡献。他们用行动告诉我们，只要有滴水穿石的精神，持之以恒，成功不会遥远。

做任何事情都要有恒心，要懂得坚持，人生才会成功，反之，你将一事无成。

没有人能随随便便成功，更没有谁的人生永远顺风顺水。君不见广漠的原野里，流淌着的小溪逢石绕路，面壁迂回，或回流，或倾泻，或舒缓，或疾驰，终将渐渐融入大海。我们的人生也就像这条路一样坎坷，荆棘丛生，但只要我们坚持，就一定能战胜苦难，取得最后的胜利。

> **【低头生气，不如抬头争气】**
>
> 阳光总在风雨后，风雨中唯有不懈地坚守，才能看到冲开乌云时的第一抹阳光。正如一位作家所说，就像冲洗高山的雨滴，吞噬猛虎的蚂蚁，照亮大地的星辰，建起金字塔的奴隶，我也要一砖一瓦地建造起自己的城堡，因为我深知水滴石穿的道理，只要持之以恒，什么都可以做到。

8. 你还没成功，是因为你失败的次数还不够多

成功是什么？成功是一粒干瘪的种子发芽长成一棵参天大树；是屋檐上掉下的小水滴钻透了坚硬的石头；是原本平坦的亚欧大陆中间耸出了一座壮丽的喜马拉雅山……成功需要积累，而失败却是堆积成功的种子、水滴、石子。

一个小男孩小时候学骑自行车，父亲教导他说："不要害怕摔跟头，等你摔了一百四十多个跟头之后就能学会了。"是的，人生也就像是学骑自行车一样的，每一次成功之前，都必须经历很多次的跟头。成功是失败的积累，这句话总是不假的。

爱迪生在研制白炽灯时，尝试了上千种材料，均告失败。有人嘲笑他："你永远不会成功。"爱迪生不为所动，他对这项研究充满了无限的激情，总能疯狂地投入到实验中去，废寝忘食地进行研究。终于，他成功研制出世界上第一枚电灯，给自然界带来了光明。

在爱迪生的所有发明中，遇到困难最多、耗费时间最长的就是蓄电池的研制了。他一共花费了 15 年的时间才研制成功，在这个实验中先后失败了五万多次。当所有人都灰心丧气时，他还是孜孜不倦，他说："我想，'自然'它并不是无情的，它一定不会永远深藏着蓄电池的秘密。"终于，他成功了。

一个有激情的人，不论是工作还是生活，都有一种积极向上、乐观的心态；一个有激情的人，总是充满活力，对任何事都不知疲倦；一个有激情的人，面对苦难和失败，都会有办法去克服。

肯德基品牌的创造者直到 65 岁才开始实现自己的梦想。他的创

业之路并不是一帆风顺，可以说是困难一直与他相随，一直跟他"较劲"。

他当时穷困潦倒，靠社会救济金生活，他没有抱怨社会，而是思考自己可以做什么令他受益的事情。他想到卖炸鸡秘方，还教餐厅烹制炸鸡的方法，他走街串巷，向每一家餐馆老板宣传。他花了两年的时间跑遍了全美国，他遭到了 1009 次拒绝，最后才获得成功。

两年时间、1009 次拒绝，试想一下，有谁能经受这样的打击。相反，面对一次次挫折、困难，他没有被击倒，而是越战越勇。困难成就了他，也让世界记住了他，让人们认识、记住了肯德基。

1009 次失败，成就了肯德基。谁都经历过失败，谈起自己的失败经历，有的人是伤心、懊恼，脑海中都是痛苦的回忆，而有的人谈起自己的失败，能说出很多感慨和经验，这些人能真正体会到失败是成功之母。一个人只有经历了足够的失败，上天才可能把成功带到他的面前。因屡次失败而心灰意冷的人们，你们应该振作精神，将失败化作下一次拼搏的动力，也许下一次拼搏所带来的结果仍是失败，但只要你不气馁，总有一次是能够获得成功的。

漫漫人生路，总是挫折相随、困难相伴。失败是一笔财富；失败是成功的钥匙；失败是考验器，让强者更强，弱者更弱。我们应该学会面对失败，失败也是生命的一种馈赠，因为人们真正地奋起，往往始于失败之后。

一位科学家曾表示自己致力于科学发展 55 年，只有一个词可以道出艰辛的工作特点，那就是"失败"。所以，成功者既是成功者，也是失败者；失败者既是失败者，又是成功者。

【低头生气，不如抬头争气】

　　曾经有一个新入行的推销员向行业的成功者讨教成功秘诀，这些成功者的回答无一例外：那就是多失败几次，因为失败的次数越多，摸索的成功的机会就越多，尝试错误的方法也同样越多。玉不琢不成器，没有失败就没有成功。你不够成功，是因为你失败的次数还不够多。

9. 对你的"不可能"说 BEYBEY

　　在巨轮诞生之前，有几人相信人类能够在惊涛骇浪中轻松漫步；在航天飞船穿越云海之前，有几人相信人类能够在浩瀚的太空中遨游；在计算机问世之前，有几人相信地球能够成为一个小小的"村落"……然而，一切看似"不可能"，最终都化为了"可能"。其实，生命本身就是一个奇迹，每个人的心中都蕴藏着无限的潜能，只要用心去做，一切皆有可能。

　　戴尔·卡耐基说："世上丰功伟业无不是对抗'不可能'的结果。只要你深信自己做的是对的，就不要让任何事拖累你。重要的是不计困难，完成工作。"然而，现实生活中，大多数人往往自设绝境：在希望到来之前，绝望已经到来；在"可能"到来之前，"不可能"早已抵达。

　　有个不幸的人问上帝："为什么我看不到前面的幸福出路？"

　　上帝说："你一直走下去，就看到了。"

　　不幸的人又说："我不想再走了，我已经看得很远了，可我就是看不到幸福。"

　　上帝说："你再向前走走吧，幸福就在拐弯处，你不走是看不到的。"

那人听了上帝的话，继续他的人生历程，终于在一个转弯处发现了属于他的幸福。他激动地对上帝说："我怎么感谢你呢，我的上帝，在我看来没有希望的时候你指点了我。"

上帝说："不是我帮了你，是你给了自己希望。"

没有什么不可能，千万不要对自己说"不可能"，给自己一个信心，给自己一点激发生命激情的催化剂，给自己人生一个美好的支撑点。正如一位哲人所说："世间的事情非常奇妙，越是人们认为不可能的事情，越是有可能做到。"世间便没有什么不可能的事物，最主要的就是你以什么样的态度去面对它，如果你认为它"不可能"，那么它就永远成不了"可能"，如果你认为"不，可能"，那么事情就有回旋的余地。

1485年6月，哥伦布提出了一个惊人的计划，为了实现自己航海的计划，他向人们提出了要到东方的打算。他对西班牙国王说："我从这儿向西也能到达东方，只要你们能拿出钱来支持我。"

此言一出，哥伦布就遭到了许多人的非议，"不可能，这怎么可能呢?"反对声一浪高过一浪。哥伦布坚定地说："不，这是可能的事。"

但是，西班牙国王并没有反对他，因为国王认为，从西班牙向西航行，不出500海里，他就会被大海淹没。至于说到达富庶的东方，那简直就是天方夜谭，是不可能的事。

可是，在哥伦布第一次航行成功后，又开始了第二次航行的时候，他遇到了空前的阻力，甚至还有人想在大西洋上拦截，并企图暗杀他。原来认为"不可能"的人继续讽刺他，但他并没有放弃，终于他的船只到达了富庶的东方。

92

在这个世界上，我们所处的绝境，很多情况下都不是生存的绝境，而是一种精神的绝境。任何苦难只要以"不，可能"，而不是"不可能"的积极态度面对，一切都有可能。

【低头生气，不如抬头争气】

我们要走的路，是一条婉转悠扬的漫长曲线，有止步不前的困境，有苦不堪言的窘境，有令人窒息的绝境，但永远不要对自己说"不可能"，凡事只要我们充满信心，用希望迎接朝霞，用笑声送走余晖，用快乐涂满每个夜晚，这样便能走出山重水复疑无路的迷茫，豁然于柳暗花明又一村的境界。

10. 同样的遭遇＋不同的态度＝不同的人生

一个人心态的好坏可以改变一个人的命运。有什么样的心态，就有什么样的人生。对人生态度的不同，左右着一个人不同的人生选择，正确的选择可以促使人创造出完美的人生结局。

这世上千千万万、形形色色的人，由于所处的环境、所接受的教育加上自身的个性修养、自身素质的不同，人们的世界观、人生观、价值观也各不相同，正因为这种种的不同，使得他们对人生的追求、对生活的态度也大不相同，从而导致每个人以各自不同的风格上演着不同的人生剧目。

同样的遭遇，由于态度不同，人生的结局就会不同。所以在生活过程中，如果你能换一种心态去面对，可能就会是另一种风景、另一种境界、另一种人生。

　　1930 年，美国田纳西州一个小镇上，有个小男孩出生了。一般情况下，在那儿出生的孩子，长大后都不可能获得一个体面的工作，但是这个男孩是个例外。由于自己是贫民窟的身份，很少有人与他来往，渐渐地他变得越来越懦弱，开始封闭自我，逃避现实，不与人接触。

　　14 岁那年，镇上来了一个牧师，从此改变了他的一生。有一天，他终于鼓起勇气走进教堂，躲在后排倾听牧师的讲话："亲爱的孩子们，过去不等于未来，成功不分贵贱，现在干什么，选择什么，就决定了未来是什么，只要你们敢于挑战，成功就一定会有希望。"

　　小男孩被深深地震撼了，他感到一股暖流冲击着他冷漠、孤寂的心灵。他已经忘记了时间，忘记了过去，在角落里惊呆了。

　　突然，有一只手搭在他的肩上。"你是谁家的孩子？"牧师温和地问道。他惊慌失措，眼里含着泪水。

　　这个时候，牧师脸上浮起慈祥的笑容，说："噢，我知道你是谁家的孩子——你是上帝的孩子。"

　　"过去不等于未来，不论你过去怎么不幸，这都不重要。重要的是你对未来必须充满期望，只要你调整心态，明确目标，勇于尝试，那么成功就是你的。"牧师跷起了大拇指，继续对男孩说。

　　小男孩当即大吃一惊，他自己长这么大，从来没有人主动跟他说过话，也从来没有人向他翘起大拇指。于是他永远记住了牧师的话，并且相信了牧师。

　　在 50 岁那年，小男孩荣任田纳西州州长，之后，弃政从商，成为世界 500 家最大企业之一的公司总裁，成为全球赫赫有名的成功人物。后来在他的回忆录中，他这样写道："过去不等于未来，人永远不要给自己设限，只要你有勇气去尝试，未来就在不远方。"

　　小男孩前后用不同的态度对待人生，终究成就了一番事业。

一天，有一位老妇人到集市上请了一个油漆匠，打算让他好好粉刷一下自家的墙壁。油漆匠刚一走进门，看到老妇人的丈夫双目失明，顿时流露出了怜悯的眼光。可是，油漆匠在那里工作了几天，却从来没发现这个男主人有一点自卑或是急躁心态。相反，这个男主人非常乐观，所以他们相处得很投机。油漆匠也从未提起过男主人的缺憾。

过了一周，等工作完毕以后，油漆匠便拿出账单。可是，那位老妇人却发现比谈妥的价钱打了一个更大的折扣。于是，她便问油漆匠："怎么会少算这么多呢？"

油漆匠笑了笑，回答说："我跟你先生在一起的这几天，我觉得很快乐。我很佩服他对人生的态度，这让我觉得自己的境况还不算最坏。所以减去的那一部分，就算是我对他表示的一点谢意，就是因为他，才让我觉得自己的工作并不是太苦。"老妇人听完油漆匠的这番话，忍不住落泪了。因为这位慷慨的油漆匠，自己也只有一只手。

可见，一个人的态度就像是一块磁铁，不论我们的思想是正面抑或是负面，人们都会或多或少受到它的牵引；而思想就像是轮子一般，使我们朝着一个特定的方向前进。

在人生的海洋里，我们每个人都是一艘小船，在通向彼岸的过程中，苦难、灾难谁人都不可避免，然而真正的强者，不是没有受过伤，而是能够坚强地修复伤口，继续勇敢前进。一个人的人生态度，也就决定了他的生存状态，不同的人生态度，就有不一样的人生。不管我们身处怎样的环境，身处怎样的位置，我们都要端正好人生态度，要以勤奋务实，积极进取，乐观向上，认真负责的态度对待生活和工作；我们要本着诚实、善良、守信的原则待人和处世，相信我们的生活会更加美好，我们的人生会更加光辉灿烂，我们的世界会更加绚丽多姿。

【低头生气，不如抬头争气】

　　有一句俗语：你有什么样的命运取决于你想要什么样的命运，你是什么样的人取决于你想做什么样的人。也许有人认为这是唯心主义，但这无疑是说明了人的人生态度问题。不同的态度成就不同的人生，这是亘古不变的人生真理。

第五章

困难挫折不可怕，
再苦也要笑一笑

　　花儿经历严寒才更显娇艳；宝剑经过磨砺才更显锋利；海燕经历了暴风骤雨才变得矫健。奥斯特洛夫斯基说过："人的生命似洪水在奔流，不遇着岛屿、暗礁，就难以激起美丽的浪花。"困境是人生的财富；磨难是成功的良伴；挫折是英才的乳汁；失败是胜利的基石，但有些人面对人生中的坎坷、挫折和失败时，总会抱怨，抱怨自己时运不济，抱怨自己没有能力。其实，生活只是个任性的"孩子"，你对它笑，它就对你笑，你对它哭，它就对你哭。因此，当挫折、不幸或厄运降临的时候，我们唯一能做的就是：再累也要挺一挺，再苦也要笑一笑。

1. 学会笑对苦难

在漫漫的人生旅途中，失意并不可怕，受挫也无须忧伤。只要心中的信念没有萎缩，只要拥有苦中作乐的精神，即使苦雨凄风，即使大雪纷飞，人生之旅也不会为之中断。

法国启蒙思想家卢梭也曾感叹："在我一生中的苦难日子里，我却始终满怀温馨、感人、甜美的感情，这些感情为悲痛的心灵创伤抹上了香膏，仿佛将痛苦化为快感。"所以，苦中作乐是人生的一大境界，那些成功的伟人都曾在困苦中保持微笑，这既体现出他们博大的气魄，也体现出他们积极的人生态度。

夏洛蒂·勃朗特在《简·爱》中意味深长地写道：

人活着就是为了含辛茹苦。人的一生肯定会有各种各样的压力，于是内心总经受着煎熬，但这才是真实的人生。确实，没有压力就会轻飘飘的，没有压力肯定没有作为。选择压力，坚持往前冲，自己就能成就自己。

成功的过程恰似蝴蝶破茧的过程，在痛苦的挣扎中，意志得到磨炼，力量得到加强，心智得到提高，生命在痛苦中得到升华，这便是奋斗带给人类的真滋味。当有一天，你从痛苦中走出来时，就会发现，你已经拥有了飞翔的力量，便惊喜地在苦难的另一方面寻觅到了人生的奇迹。

有一个小和尚从小就在后山的寺庙出家了，每天清晨，他就去挑水、扫地，做过早课后要到寺后的集市上去购买寺庙中一天所需要的日常用品。回来后，再干点其他杂活，晚上读点经书。就这样，晨钟暮鼓中，十年过去了。

有一天，小和尚稍有闲暇，便和院中其他小和尚一起嬉戏玩耍，他发现其他小和尚过得非常清闲，似乎只有他一个人整天忙忙碌碌的。而且别的小和尚偶尔也会被派下山购物，但他们去的是山前的集市，路途平坦，距离也很近，买的东西也大多是比较轻便的。而这十年来，住持一直要求他到后山的集市，要翻越两座山，道路崎岖难行，回来时，肩上还有很重的东西。

于是，小和尚带着诸多不解去找住持，问道："为什么其他孩子都比我悠闲呢？没有人强迫他们干活、读经，而我却要干活不停呢？"住持只是低吟了一声，看着他却微笑不语。

次日中午，小和尚扛着一袋米从后山回来，发现住持正站在寺院的后门等他。住持把他带到寺院的前门，坐在那里闭目不语，小和尚不明白住持的用意，只得静静地侍立在一旁。日益偏西，前面道路上出现了几个小和尚的身影，当他们看到住持时一下子愣住了。住持睁大眼睛，问那几个小和尚："我一大早让你们去买香烛，路这么近，又这么平坦，怎么回来得这么晚呢？"那几个小和尚听完住持的训责，面面相觑，惭愧地说："住持，我们一路上看看风景，说说笑笑，不知不觉就到这个时候了。十年来，我们每天都是这样的啊！"

住持又问侍立在旁的小和尚："你扛了那么重的东西，而且到寺庙后的集市上要翻山越岭，山路崎岖不堪，路途遥远，为什么反而回来的比他们早呢？"

小和尚说："我每天在路上都想着早去早回，由于肩上的东西重，我才更小心走路，所以反而走得稳、走得快。十年了，我已养成了习惯，我的心里只想着目标，已经注意不到道路是不是好走了！"

住持闻言大笑，说："道路平坦了，心反而不在目标上了。只有在坎坷的路上行走，才能磨炼一个人的心态！"

生活是一条路，怎能没有坑坑洼洼。生活是一杯酒，饱含人生酸甜苦辣。困境是人生的财富，挫折与不幸是人生的伴侣，它能使人清醒，催人奋进！再累也要挺一挺，再苦也要笑一笑，这是一种勇气，更是改变命运的一种力量。

再累也要挺一挺，再苦也要笑一笑，就是劝慰人们要学会苦中作乐，唯此才能抵挡人生中不测风雨的来袭，才能做到失意时不失志。苦中作乐不是自我麻痹，不是消极退让，是以一种自强与自信面对命运，于莞尔一笑间接受命运严肃的挑战。

【低头生气，不如抬头争气】

西班牙谚语："纵声欢唱的人会把灾难和不幸吓走。"

2. 从"悲剧"中找出"喜剧"

生活是悲是喜，并没有一个标准可以界定。只要我们的心态是积极的、乐观的，即使是在风雨交加的孤岛上，我们也能将生命的悲剧演绎出喜剧的亮丽色彩。

人类的发展，人的了不起，就在于能承认悲剧，并从悲剧中去寻找生命的喜剧。悲剧是伟大的，世界上所有的成就，都因悲剧而生。世界只有一个辩证法，一切喜剧都只能从悲剧中诞生。

只有开悟的人，才深深知道，一切伟大，一切成就，都深深隐藏在那个另一面，都深藏在那个悲剧后面。我们只要跨过那个悲剧，走向对立面，我们就一定能找到那个喜剧，就一定能找到深藏在沙子里的珍珠。乌云并不可怕，乌云后面一定隐藏了阳光；你身上洗出了可怕的污水，这并不可怕，因为你已洗干净了你的身体；你杯子里只有半杯水，并不可怕，因为你杯子里居然还有半杯水。

其实，所有令你失望的地方，你都一定能找到希望。这是上帝的安排，也是生命的喜剧意识。宇宙是一个精神的宇宙，它除了使万物尽可能有序地运行之外，还对人类进行了特别的关照。悲剧是无法消除的，就算是上帝也不能消除悲剧，但他却能在每一个悲剧中预设一个喜剧进去，好让有情的人类不至于太失望或太绝望。这虽然是一个预想，但无数事实证明，这种预想十分正确。

在巴黎一座金碧辉煌的大厅里，著名小提琴演奏家欧尔·布里正投入地演奏着如梦似幻的小夜曲。他简直不是在用技艺演奏，而是在用生命演奏。他完全将自己融入小夜曲当中。台下成千上万的听众仿佛被他那优美的乐曲带到了一片幽深的丛林中。人们仿佛看到仙女在丛林中起舞，蝴蝶在泉边欢笑，喜鹊在树枝上唱歌……

就在所有人都沉浸其中的时候，欧尔突然发现他的小提琴的 A 弦断了。面对台下的听众，欧尔别无选择。他像一切都没有发生一样，用其他三根弦继续着他的演奏。终于一曲演奏完毕，台下响起了如潮的掌声，大家都还沉醉在那美好的意境中，没有人发现，那一首夜曲是欧尔用断了 A 弦的小提琴完成的。

演奏会结束后，记者采访欧尔时了解到了这个情形，忍不住热烈地称赞他高超的演奏技巧和处事不惊的态度。

后来，这件事传开了，大家都对欧尔赞不绝口，只有欧尔自己一个人认为这没什么。他说："这就是人生！如果你的 A 弦断了，你别无选择，你就只能用其他三根弦了。"

在大自然的灾难面前，人类显得那么渺小，那么脆弱，那么无能为力，却又是那么坚韧，那么不屈。因为我们的心是强大的，只要我们心灵的火焰不熄灭，即便在死神面前，我们一样能够轻轻唱响生命的赞歌，绽开最美的笑容。

在人生的道路上，挫折、困难甚至绝境都是不可避免的。最重要的是要有一个好的心态去坚强面对！无论在什么情况下，即使处在狂风暴雨的恶劣环境下，拥有好心态的人也能从容不迫。当磨难到来时，如果你怨天尤人、悲观颓废，你就真的完了。但是，如果你努力在这个时候保持良好的心态，自信、乐观、冷静和从容，那么磨难就会变成你的"磨刀石"，使你更优秀。在一路艰辛的人生路途中，最重要的不是财产，也不是地位，而是存在我们心底的毅力，也就是永不磨灭的希望。只要你的心不死，并采取积极的行动，就有东山再起的希望。

生活中，有些人常常把美丽的生活过成了悲剧。很多人认为，痛苦、悲剧是遭遇了不幸的打击，但实际上不幸并没有剥夺你快乐的权利。记住，喜剧都是潜在的。任何一个悲剧的后面都必须隐藏着一个喜剧，这正如一个喜剧后面都隐藏着一个悲剧一样。

【低头生气，不如抬头争气】

不要忘了，每个人的生命都是一幅属于自己的作品，不管遭遇多少困难与命运的无情打击，只要你愿意，随时都可以挥洒手中的彩笔，使自己的生命更加缤纷亮丽。

3. 风力掀天浪打头，只须一笑不须愁

海伦·凯勒在花园里感受阳光，乐观地向生活讨要"三天光明"；霍金坐在轮椅上，用两根手指与时间斗争，敲出一部"简史"；苏轼屡遭贬谪，却仍能在月光下举起酒杯，吟唱"江山如画，一时多少豪杰"。面对生活中偶尔的不如意，我们无须忧愁，只须一笑置之，让"乐观"之花开满枝蔓。

《晋书·羊祜传》云："天下事不如意恒十居八九。"南宋方岳有警句："不如意事常八九，可与语人无二三。"人生不如意之事，常十之八九。人的一生常常是在困难和挫折的环境中成长起来的。雨果在《悲惨世界》中写道："笑，就是阳光，它能消除人们脸上的冬色。"无论遇到什么困难，让微笑来点缀我们的生活，有如阳光斜洒大地的粲然，清风抚摸树木的柔情，夕阳燃烧天际的火热，浪花冲击岩石的凉爽。

杨万里有一首著名的诗叫《闷歌行》：

"风力掀天浪打头，只须一笑不须愁。近看两日远三日，气力穷时自会休。"

意思是：纵使风再大浪再高打到了头，也不要愁，只要一笑应对。为什么呢？因为少则两天，多则三天，风力就会逐渐减弱，浪头也会逐渐平静下来。

诗人告诉我们，在人生的旅途中，每个人都有可能遇到意想不到的挫折和不幸，但只要你稳住心，耐着性，把好舵，就会迎来风平浪静的好日子。

生活中的事情就是如此，什么麻烦都不会永远停留在不如意之中的。与其悲观失望，不如乐观面对，给自己一些积极的心理暗示力量——不要忘记去微笑。因为它是浮荡在地平线上那袅袅升起的热望与希冀，是普照生灵不息的阳光，更是一份难得的旷达与美好。

罗伊·L.史密斯曾经在传记《圆满的一生——死神门前的徘徊》中写了这样一个故事：

有一个叫艾莫·何姆斯的孩子，出生在俄亥俄州的一个乡村里，曾有一个乡村医生断定说："这孩子不可能活下来。"

　　显然他说错了，艾莫·何姆斯忍受着生命中不断遭受折磨的痛苦，承载着他受到严重伤害的右肺，忍受着 90 年生命中不断遭受折磨的痛苦，他活下来了。

　　他虽无法干重活，但他转向了文学。1891 年，28 岁的他成为卫理公会的牧师。两次旧病的发作都不能使他丧失活下去的勇气。

　　巧克力制造商约翰·S. 胡伊勒开始关注他，向他提供金钱来帮助他治疗。几个月以后，这个被认定必死的人就离开了疗养院。

　　艾莫·何姆斯又来到教堂，通过传道筹集基金，来资助各大学和医院，作为"单肺牧师"的他筹募了三百多万美元。到 69 岁他引退时，他传道一千多次，写了两本书，为宗教和慈善机构筹募了 50 万美元，成为 20 个机构的董事，他自己也曾捐款五万美元在加州大学附近建了一座教堂。

　　艾莫·何姆斯从来没想过什么是"困难"，而是勇敢地、乐观地去面对它，接受它，然后加以克服。正如歌德所说："让珊瑚远离惊涛骇浪的侵蚀吗？那无疑是将它们的美丽葬送。一张小红脸体味辛苦所留下来的东西！苦难的过去就是甘美的到来。"

　　生活有时给你快乐的享受，那是它正展示着明亮、纯洁、崇高、真诚的一面；生活也会给你难言的痛苦，那是它在揭示出黑暗、龌龊、卑鄙、虚伪的一面。我们每个人的每一天，就在这样的两极之间交替延伸，而它延伸的每一个区段，又似乎喜剧与悲剧同生，幸福与困难共存。无论享受快乐还是经历痛苦，我们都要时时提醒自己：微笑吧！微笑之于人生，是在乐观中采撷一份坦然，你的面前就会盎然多彩；痛苦叹息呢，则是在悲观中摘下一片沉郁的叶子，只能瓦解你积攒的力量。

【低头生气，不如抬头争气】

　　留一个微笑给伤痛，它便会悄然转身离去；留一个微笑给失败，它会成为推动你前进的动力；留一个微笑给黑暗，它会引领你去追赶新的明天；留一个微笑给寒冬，它会成为温暖你心灵的炉火；留一个微笑给过去的一切，生活处处充满阳光！

4. 苦难是人生最好的老师

　　一帆风顺的路途令人向往，但缺少了起伏与坎坷；一览无余的景致令人豁然，但缺少了迂回与曲折……辽阔苍穹中飞翔的雄鹰，必是经历了被母鹰无数次推下山崖的痛苦，才锤炼出一双凌空的翅膀；一颗璀璨无比的珍珠，必然经受过无数次的打磨，才能熠熠生辉；美丽的蝴蝶总是会经历破茧而出的痛苦才能展翅高飞。苦难是人生最好的老师，苦难是告别平庸的良药；苦难是通往天堂的梯子。

　　《孟子·告子下》中有一段广为流传的箴言："天将降大任于斯人也，必先苦其心志，劳其筋骨，饿其体肤，空乏其身，行拂乱其所为，所以动心忍性，增益其所不能。"人生的命运就好似一个雕像，而磨难则犹如一把锋利的雕刻刀，人则是用这把刀来刻画命运的雕塑家。一尊雕像的诞生，必须要经过磨难的洗礼，才能积攒出坚强的生命力。

　　《平凡的世界》中这样写道：

　　"是的，他在社会的最底层挣扎，为了几个钱而受尽折磨；但是他已经不仅仅将此看作是谋生程序、活命……他现在倒很是'热爱'自己的苦难了。通过这一段血火般的洗礼，他相信，自己经历千辛万苦而酿造出来的生活之蜜，肯定要比轻而易举拿来的更有滋味……"

浴火后方才有凤凰的涅槃。磨难是成功的入场券。生活中，人们总是喜欢将自己置身于安逸之中，面对困难总想绕道而行，表面上看似在享受，实则是生活在地狱之中。正如一位哲人所说："假如没有磨难，其本身是一种灾难。"

大海如果缺少巨浪的汹涌，就会失去其雄浑；沙漠如果缺少飞沙的狂舞，就会失去其壮观。人如果没有磨难，便无法体验到苦难和厄运带给生命的精彩和美好，同时也可能会萎缩你的双翼，平庸一生。

有一年上帝看见农夫种的麦子获得了大丰收，感到十分开心，就向农夫祝贺收成。农夫见到上帝却说："上帝啊，这么多年来我没有一天不在祈祷，祈祷年年不要有风暴、雨雪，不要有干旱、虫灾。可无论我怎样祈祷总不能如愿。"

农夫突然匍匐在地，吻着上帝的脚道："全能的主啊！您可不可以明年允诺我的请求，只要一年的时间，不要大风雨、不要烈日干旱、不要有虫灾？"上帝说："好吧，明年一定如你所愿。"

第二年，果然没有狂风暴雨、烈日与虫灾，农夫的田里果然结出许多麦穗，比往年的多了一倍，农夫兴奋不已。可等到秋天的时候，农夫发现麦穗全是瘪瘪的，没有什么好籽粒，收成居然还没有往年收成的一半多。农夫含泪问上帝："这究竟是怎么回事？"上帝告诉他："因为你的麦穗避开了所有的考验，才变成这样。"

自然界告诉我们一个极为简单的真理：一切事物如果要变得更为坚强，就必须要经历一些不幸和困境，它是我们不断迈步的推动力。

磨难，它磨炼和美化人的个性，教给人以耐心和服从，提升出最深邃和最高尚的思想。当我们一路走来，亲历着成功历程中的种种，虽然这其中不乏压力、挫折、困境，但我们学会了坚强、克服、防御和抵制，正是因为这样，才能让我们更轻松地面对明天。

【低头生气，不如抬头争气】

　　逆境既能打击一个人，甚至毁灭一个人，同时也能成就一个人。对于强者来说逆境是人生对他们的另一种形式的馈赠，磨难是上天给予他们的最宝贵的礼物，挫折则更是人生一所最好的大学。磨难是通往成功的必经之路，艰难险阻是磨炼意志的特殊场所，别把"炼狱"当"地狱"，带着苦难上路，才能抵达理想的"天堂"。

5. 不同心态，不同结果

　　心态像镜子，它可以让你美好的心灵展现得更加精彩，又可以让你丑陋的灵魂无处躲藏；心态像雨伞，它可以阻拦暴风骤雨对你的袭击，又可以妨碍阳光把你变得温暖；心态像利剑，它可以让你砍断前方的荆棘，又可以反刺你的心灵。

　　成功学家拿破仑·希尔曾说："一个人能否成功，关键在于他的心态。"一个人要想青云平步，那你得抱着积极的心态：把挫折辗作黄泥，铺就前进的道路，让梦想乘着列车，奔向成功的彼岸。

　　一艘航行在大西洋中的船不幸触礁，最终只剩下十名幸存者。他们努力挣扎终于登上了一座孤岛，这才保住了性命。但接下来他们面临的处境更加严峻，因为岛上除了石头外，没有任何东西可以用来充饥了。更严峻的是，在这里水成了最缺少的东西。因为这个岛在热带，在每天烈日的暴晒下使每个人都口渴难耐。尽管四周都是海水，可谁都知道海水是又苦又涩的，根本不能饮用。现在他们只希望老天爷能够下雨或者有别的船经过这里，然后发现他们，这样他们才能逃过此劫。可是现实似乎越来越残酷，他们等了很久，既没有任何下雨的迹象也没有任何船只经过这个死一般沉静的岛。渐渐地，他们都支撑不下去了。九个船员相继渴死，当最后一位船员快要渴死的时候，他就想，反正无论如何都是死，我先解解渴再说。于是他扑进海水里，喝了一肚子的海水。这个船员喝完海水后，一点儿也没觉得海水苦涩，反而觉得这海水非常甘甜解渴。于是他每天都靠这岛边的海水度日，终于等来了救援的船只。

积极的心态是一弯明月倒映在水中，让你在平淡中体味"掬水中月在手，弄花香满衣"的雅然；积极的心态是一轮旭日喷薄在身边，让你在失意时看到"阳春白雪时，万物生光辉"的希望。

古时候有一位国王，总喜欢从外在事物中寻找神的启示。一天，他做了一个梦，梦到山峰崩塌了，河水断流了，鲜花也凋谢了。他感到非常奇怪，于是，他赶紧问王后，这些都预示着什么。王后听后，大惊失色地说："不好了，陛下！这个梦可不吉利啊！您想，山峰崩塌意味着江山即将被颠覆；河水断流了暗示着人民将不再拥戴您；鲜花凋落了表示一切美好的东西将不复存在啊。"国王听了觉得王后说得非常有道理，于是非常伤心，从此缠绵病榻，整日茶饭不思。

一位大臣听说这件事后，想了很久，最终来到病榻前对国王说，他也会解梦。国王就把他做的那个梦告诉了大臣。大臣沉思片刻后说道："恭喜您，陛下！您做的梦是千古难遇的好梦！您想，山峰崩塌了表示天下太平啊！河水断流了代表真龙会出现；鲜花凋落了更好，表示要结出果子呀！好梦，真乃大大的好梦啊！"国王听后也觉得是这么一回事，于是大喜，病也很快不治而愈了。

同一个人，同样的遭遇，不同的心态，得到的却是不同的局面，这就是心态的魔力。不同的心态给我们带来不同的结果，积极的心态能时刻为我们提供快乐，而消极的心态则时刻为我们设置障碍。

如果你总是感觉自己情绪低落、失望，那么你的生活就是消极的；如果你总是觉得心情如阳光般灿烂，那么你的心情就是积极的，这就是心态给我们的生活所施展的魔法。正如一位哲人所说："你的心态就是你真正的主人，要么你去驾驭生命，要么是生命驾驭你，而你的心态决定谁是坐骑，谁是骑师。"

【低头生气，不如抬头争气】

心态是生活的控制器。积极心态或消极心态，一念之差就可能导致天壤之别的后果。要想获得幸福，首先要改变自己的心态，只有心态积极起来、阳光起来，生活才会跟着美好起来。

6. 抖落身上的"泥沙"，走出人生的"枯井"

在生命的旅程中，人总会遭遇坎坷、挫折、困难……陷入"枯井"里，会有各式各样的"泥沙"倾倒在我们身上。在"枯井"里，我们不要哭泣和哀嚎，而想要从这些"枯井"中脱困的秘诀就是：将身上的"泥沙"抖落掉，然后站到上面去！

《伊索寓言》中记载着这样一个故事：

有一头老驴，掉到了一个废弃的枯井里，很深，根本爬不上来，农夫绞尽脑汁想救出驴子，但几个小时过去了，驴子还在井里痛苦地哀号着。主人看它是老驴，也没去救它，就任其自生自灭了。每天还不断地有人往枯井里面倒垃圾。

按理说老驴应该很生气，应该成天抱怨：自己倒霉掉进了枯井，主人也不要它，就算死也不让它死舒服点儿，每天还有那么多垃圾从头上扔下来。

　　那头驴一开始也放弃了求生的希望。可是有一天，它决定改变它的人生态度，它每天都把人们倒在身上的垃圾抖落在自己的脚下，从垃圾中找出能维持自己生命的残羹剩饭，把"无用"的垃圾踩在自己脚下，而不是让垃圾掩埋自己。终于有一天，它重新跳出了这口枯井，回到了地面上。

　　人生是一条奔腾不息的河流，河中有险滩，也有暗礁。人的一生谁也不会平平坦坦，有时候我们会遇到诸多困难和磨难，难免会陷入"枯井"的困境当中，而这些困难、挫折、磨难就是加诸在我们身上的"泥沙"。

　　无论在工作还是生活中，一个人难免会像驴一样陷入"枯井"，枯井就像是人生的暗流，总是在你不想发生的时候发生，总是在你感觉到快乐的时候却突然光顾在你的身边，让你措手不及，使你哭笑不得。困难、挫折、失意，像泥土一样一股脑儿压在你的身上，然而，积极的人会把这些"泥沙"变成一块块的垫脚石，只要我们锲而不舍地将它们抖落掉，然后站在上面，那么即使是最深的"枯井"，我们也能安然地脱困。

　　从前，有一个农夫，由于家庭贫寒，只能靠打柴为生。在大山中，狼虫虎豹经常出没，但是为了生存，只能是明知山有虎，偏向虎山行。农夫经过大半天的砍伐，终于收获了大堆木材，满怀欣喜的农夫将砍得的柴背在身上，品尝着胜利的果实，高高兴兴准备下山。不巧的是，前方突然出现一只老虎，看到了农夫老虎便恶狠狠地向他冲来。这时，农夫面对突如其来的老虎，他迅速将柴丢在地上，拼命地朝前奔跑着，不料前方有一个枯井，咕咚一声，农夫跌进了枯井里。在恐慌与寂寥里，农夫不停地张望，看见老虎还在井口的边缘恶狠狠地盯着他。农夫在井里静静地等待着，期盼着随着时间的飞逝，险恶的困境能离开他，他知道老虎是不敢跳下来的，因此他安静地靠在枯井里，相信总会有转机的。

几个小时过去了，农夫确信老虎已经离开，于是就开始往上爬着，爬了一下又掉了下来，就这样经过无数次地攀爬，他终于爬出了枯井。一切释然，农夫轻松地回去了。

面对困难和挫折，我们不必自暴自弃，也不必怨天尤人，而是应该以一种正确而积极的态度去面对，去寻找解决的方法。将身上的"泥沙"抖落掉，然后站到上面去，一步步提升自己的高度，我们才能一点点接近成功。反之，如果只是唉声叹气，怨天尤人，你永远无法跳出生命的"枯井"，甚至你终将会被埋葬在井底。

"枯井"，生命的酸涩苦乐，伴随着我们成长，是我们生命的原动力，是我们追求新生命的开始。人生的枯井就像在欲望的宫殿里去穿梭，每一次经历，每一次的感受，都是人生的升华和感悟的提炼，在阔延你的视线，在抬升着你人生的高度！当我们陷入一口"枯井"不得其门而出的时候，何不将身上的"泥沙"抖落掉，当作垫脚石呢？请记住：我们只有为自己打下坚实的基础，才能有朝一日看到更远更好的风景，才能走向神往的心灵归途。

【低头生气，不如抬头争气】

生命的水源总会有干枯的时候，但我们会时时去补充和虔诚地去寻找心灵的水源，使之不再枯竭，让生命充满着绿色，充满着阳光的色彩。也许你人生的旅途中，会不小心踏入逆流的"泥沙"，陷入"枯井"，但只要你勇于抖落身上的"泥沙"，你终归会走出不利的困境，走向新的征途。

7. 学会坚强，走出绝望

卑微的小草，因学会了坚强，成为了广阔的草原；渺小的水珠，因学会了坚强，成为了奔腾的大海；摇摇欲坠的小树，因学会了坚强，成为了茂盛的树林。我们的生活需要阳光的普照，需要雨露的滋润，需要绿色的装点，但是更需要勇气的支撑。

古人云："天有不测风云，人有旦夕祸福。"寓意已经为我们明确昭示了生命的无常。既然人生本来就是一条坎坷万分的道路，我们每个人也都会经历不同的挫折和打击，但是我们只要心中希望不倒，那么你就永远能坚守住希望。

凯伦，幼年因疾病失去听力和视力。但她从未放弃自己，而是勇敢地面对一切。她14岁时便开始学习外语，通晓多种语言，并于20岁时考入哈佛大学。

开普勒，四岁时感染天花，留下一脸麻子，后又患猩红热，烧坏了眼睛，成了高度近视。他终身饱受命运的折磨，但是他从未失去信心，在贫困和疾病交加中依然坚持自己的梦想，最后创立了行星运动三定律。

德摩斯梯尼，幼年时无法完整地说完一句话，年轻时发表演讲常常被人喝倒彩。但他始终坚持对自己充满信心，为了改掉口吃，他每天坚持站在海边，口含石子，大声练习，终于成为了古希腊辩驳纵横的演说家。

无论黑夜有多长，朝阳总会冉冉升起；无论风雪怎样肆意，春风终会缓缓吹拂。当挫折接连不断，当失败如影随形，当命运之门一扇接着一扇地关闭，我们永远也不要怀疑，总会有一扇窗会为你打开。世界上，从来就没有什么真正的绝境，已经发生的事无论怎么样都不能再面对这些挫折、伤害，我们唯一能做的，并不是逃避，而是勇敢地面对。

一位农夫拖着沉重的粮食来到山脚下，望着前面那一段陡峭的上坡路，不禁在心里犯难。他心想，这么高，一个人怎么能够爬上去，一定要找一个人帮忙才行。正在为难之际，正巧一个热心的路人走过来，他看到了农夫的难处，对农夫说："别担心，我可以帮你一程。"说着，利索地卷起衣袖，摆出一副推车的样子。

于是，农夫咬紧牙关卖力地拉车。那位热心的路人在一边高声地为农夫喊着"加油"。终于，满载粮食的车被农夫拉到了山顶。当农夫感谢那位热心帮助推车的路人时，没想到他却说："你不用感谢我，你应该感谢你自己。我并没有帮你推车，我只是帮你喊喊加油而已，是你自己把那车粮食拉上来的。"

一个人只有心存美的意象，才能看到窗外的美景。命运对每一个人都是公平的，窗外有土也有星，就看你能不能磨砺一颗坚强的心，一双智慧的眼，透过岁月的风尘寻觅到辉煌灿烂的星星。

学会坚强，就会拥有水珠化雨的伟大，虫子化茧成蝶的美丽。在海上航行没有不带伤的船，我们在生活中同样不可能会一帆风顺，难免会有伤痛和挫折。任何通向成功的道路都布满了荆棘，充满了数不清的辛酸与煎熬，艰难与困苦。但是，只要我们坚强，有勇气去面对，那么我们的人生就能真正地安然驶过崎岖的山路。

也许你一直都相信自己，但是失败、挫折与成功一直不露曙光，让你泄气、信心动摇，甚至自暴自弃。在这种境地，不管你失去了什么，遭受到了怎样的打击，要面对怎样的人生，都请你坦然接受它。人生需要坚强，忘记过去的挫折与不幸，怀着对美好明天的憧憬，并且用坚强来驱走头顶那方乌云，让生活继续精彩。

> **【低头生气，不如抬头争气】**
>
> 　人生往往是这样，当我们的幸福被挫折侵蚀得千疮百孔时，就仿佛走入了绝望。其实，上天对每个人都是公平的，只要我们学会坚强，走出生命的严冬，那么新的希望就会在前方萌芽生长。

8. 苦难浇灌生命之花

《史记·报任安书》：盖西伯拘而演《周易》；仲尼厄而作《春秋》；屈原放逐，乃赋《离骚》；左丘失明，厥有《国语》；孙子膑脚，《兵法》修列；不韦迁蜀，世传《吕览》；韩非囚秦，《说难》、《孤愤》；《诗》三百篇，大抵贤圣发愤之所为作也。一个人只有经过困境的砥砺，才能焕发出生命的光彩。

梅花经历严冬之寒，才能傲立枝头；蚌熬过磨砺之苦，才能孕育珍珠；人经过历练之苦，终成大器。作家冰心曾经说过："成功的花，人们只惊羡于它现时的明艳，然而当初她的芽儿，浸透了奋斗的泪泉，洒遍了牺牲的血雨。"经过了一场暴风雨的洗礼，当雨过天晴，明媚的太阳用它那柔和的阳光照耀着大地时，天上便出现了一道娇媚的彩虹，人们惊讶于它那美丽无比的容貌，却常常忘记它在那一场暴风雨中经历的巨大的困难。

俗话说："玉不琢，不成器。"成功，艰难困苦，玉汝于成。要想在空中自由地展翅翱翔，你就得拥有一双坚硬的翅膀，而这双坚硬的翅膀需要在严寒中磨炼，在风雨中成长，唯有如此，才能体会成功的喜悦与甘甜。

有一位年轻有为的青年在一家公司做得很出色，进公司不久，他就为自己描绘了一幅灿烂的蓝图，对前途充满信心。突然这家公司倒闭了，这位青年认为自己是世界上最不幸、最倒霉的人。但是他的经理，一位中年人却拍了拍他的肩膀，语重心长地对他说："你很幸运，小伙子！"

"幸运？"青年人感到疑惑。

"对，很幸运！"经理重复一遍。接着他解释道："凡是青年时候受挫折的人都很幸运，因为你可以学到如何坚强。如果一直很顺利，到了四五十岁，突然受挫，那才叫可怜，到了中年再学习，实在太晚了。"

一个人，如果一直没有受过挫折，那样的人生是不完美的，只有在受挫后，用坚强的意志获取的成功才值得大家喝彩。正如一位智者所言："没有苦难的人生不是真正的人生。"一个人只有经过困境的砥砺，才能焕发出生命的光彩。

帕格尼尼，世界超级小提琴家。他是一位在苦难的琴弦下把生命之歌演奏到极致的人。四岁时他得了一场麻疹和强直性昏厥症。七岁又患上严重肺炎，只得大量放血治疗。46岁时因牙床长满脓疮，拔掉了大部分牙齿。其后他又染上了可怕的眼疾。50岁后，关节炎、喉结核、肠道炎等疾病折磨着他的身体与心灵。后来他的声带也坏了。他仅活到57岁，口吐鲜血而亡。

身体的创伤不仅仅是他苦难的全部。他从13岁起，就在世界各地过着流浪的生活。他曾一度将自己禁闭，每天疯狂地练琴，几乎忘记了饥饿和死亡。

像这样一个人，这样一个悲惨的生命，却在琴弦上奏出了最美妙的音符。三岁学琴，12 岁举办首场个人音乐会。他的演奏令无数人陶醉，令无数人疯狂！

乐评家称他是："操琴弓的魔术师。"歌德评价他："在琴弦上展现了火一样的灵魂。"李斯特大喊："天哪，在这四根琴弦中包含着多少苦难、痛苦与受到残害的生灵啊！"苦难净化心灵，悲剧使人崇高。也许上帝成就天才的方式，就是让他在苦难这所大学中进修。

苦难是一次生命的洗礼，我们必须经历，只有那样我们才会长大；苦难是一朵永不凋谢的花，没有苦难人生就不完美；苦难是一块垫脚石，助我们登上成功的峰巅；苦难是一种财富，是我们人生长河中的一种催人奋进的力量；苦难是考验器，让强者更强，弱者更弱。人生中遭遇困境并不可怕，只要我们能在困境中奋起，不断锻炼自己、增强自己的意志，就能走向新的人生。我们知道，风雨过后，总会有彩虹！

> **【低头生气，不如抬头争气】**
>
> 温室里开不出娇艳欲滴的花朵，马厩里养不出千里良驹。受得住风霜，才能结出丰硕的果实；经历过磨炼，才能走向成功的彼岸。漫漫人生路，总是挫折相随、困难相伴。在一次次的挑战中，困难把我们锤炼得更加不怕困难，逆境把我们洗涤得更加不惧逆境。最困难之时，就是离成功不远之日。今天，就让我们一起抚平哀伤，重新上路！

9. 成功者不认输

我相信，没有一个人是不渴望成功的。人们渴望成功，感受成功带给自己的喜悦，但是成功更倾向于不认输的人，因为在成功者的字典里，是不存在"认输"这两个字的。

俄罗斯总统普京曾经说过："无论做什么事，无论对手有多强，只要心中充满了勇气和不服输的精神，就一定会胜利。"拥有勇气和不服输的精神，人无论遇到什么样的困难，都能向着自己的目标前进，最终取得成功。

16 岁时，诺斯顿正在美国哈佛大学读大一，并在学校学生会担任职务。正当他憧憬美好未来时，却感到脑袋常常伴有阵阵疼痛，开始他以为是休息不好，没有在意，直到后来昏倒在课堂上，才知道事情的严重性，原来他的脑部长了一个大大的瘤子。后来经过手术，他又重新回到了学校。

可是在一节体育课上，诺斯顿在没有任何前兆下，猛然摔倒在地，后经医生诊断，他患了癫痫症，是手术后遗症。诺斯顿只好辍学回家。

在他 20 岁那年，他找了一份在钢铁厂做统计的工作，但是不到两年钢铁厂破产了，他也失业了。按照美国的规定，当时像诺斯顿这样的人完全可以享受政府提供的福利，但他不甘心就这样浑浑噩噩地过日子，发誓绝不向命运服输，他要靠自己的双手生活。但是，令斯诺顿万万没有想到的是，从此他踏上了一条漫长的寻职路。

他先找了几个驾驶员的职位，但是人家听说他患有癫痫症，都予以拒绝。之后，他又陆续找了几份工作，也都因为他患有癫痫症被人拒绝，这时有朋友建议他，以后投简历的时候，不要再提自己患有癫痫症，否则很难如愿。但诺斯顿却说："如果我隐瞒了病症，就算能找到一份工作，我也不会心安，做人应该诚实。我想，只要不认输，总有一份工作适合我。"在之后的求职路上，他都是以失败告终。为了适应新的环境，他边求职，边给自己充电，上了很多培训班，也拿了不少的证书，而面对的仍是拒绝。屡屡碰壁，他也想放弃，但一想到自己的誓言，他又重新打起精神来。

转眼20年过去了，他已是人到中年。然而，他不仅工作依然没有着落，也耽误了找女朋友。熟悉他的人和他开玩笑说："你现在什么都没有，不如就专给那些求职者做引导员，每次收取他们一定的费用，就能发大财了，说不定还会遇见意中人呢。"

每次听到这些玩笑话，诺斯顿都会坦然一笑，继续做自己的事。他自始至终都相信，只要不认输，愿望总有一天会实现的。

他找到当时给他做肿瘤手术的医生，一边在那里担任志愿者，一边从报刊上寻找招聘信息，医生或护士都被他的执着所感动，纷纷为他提供相关信息，更使他增强了信心。

又是几年过去了，在诺斯顿投的三百多份简历中，终于得到了一家养老院的回复，同意招聘他担任一名看护助理。

此时，诺斯顿已经46岁了，找工作的时间更是长达27年，成为了美国有史以来找工作时间最长的一个人。

后来，有记者采访他，问诺斯顿此时的心情时，他感触颇深："当这家养老院告诉我，我已经得到看护助理的工作时，我简直不敢相信这是真的，我请他们再说一次，放下电话都实在不敢相信这是真的。我虽然经历了许多挫折，但我从未停止尝试。我知道，坐下来靠吃福利过日子很容易，但我不希望虚度余生，更不想向命运低头认输。我相信，只要我肯努力，我就一定会成功。"

是啊，如果诺斯顿服输了，也就不会有今天的绚烂了。人的一生，总会遭遇坎坷，但只要你不服输，你就可以重整旗鼓、东山再起；如果你自己也承认失败，才是彻头彻尾的一无所有。

人生是一场漫长的旅途。有平坦的大道，也有崎岖的小路；有美丽的鲜花，也有密布的荆棘。在这旅途上，每个人都会遇到失败，而我们要始终认为，生命的价值就是坚强地面对困难。我们要相信，只要永不言弃、永不服输，我们一定会飞得更高更高！

吉米·哈里波斯，美国颇具传奇色彩的伟大赛车手，在参加威斯康星州的赛车比赛时，因发生车祸使他的手被烧伤，鼻子也不见了。体表伤面积达百分之四十。医生给他做了七个小时的手术之后，才使他从死神的手中挣脱出来。经历了这次事故，尽管他的命保住了，可他的手萎缩得像鸡爪一样。医生告诉他："以后，你再也不能开车了。"然而，他并没有因此灰心绝望。为了实现那个久远的梦想，他决心再一次为成功付出代价。他接受了一系列植皮手术，为了恢复手指的灵活性，每天他都不停地练习。九个月之后，他又重返了赛场！他首先参加了一场公益性的赛车比赛。但由于他的车在途中意外熄火，没有获胜。不过，在随后的一次全程200英里的汽车比赛中，他取得了第二名的成绩。又过了两个月，仍是在上次发生事故的那个赛场上，他满怀信心地驾车驶入赛场。经过一番激烈的角逐，他最终赢得了250英里比赛的冠军。当吉米第一次以冠军的姿态，面对记者向他提出的一个相同的问题："你在遭受那次沉重的打击之后，是什么力量使你重新振作起来的呢？"时，吉米拿起一张此次比赛的招贴图片，他没有回答，只是微笑着用黑色的水笔，在图片的背后，写上一句凝重的话：不服输！

"不服输"的精神是勇敢的延伸，是力量的源泉，更是战胜困难夺取胜利的关键因素，不服输的人是不会接受失败的，失败对于他们来说，只是暂时地停止成功，从而激发斗志，越战越勇，直到最后夺取胜利。

不服输的精神改变了海伦·凯勒的命运，书写了人生的精彩；同样，不服输的精神也让人专于一事而忘却讽刺进而达成目标，尼克胡哲便是这一完美诠释。不服输，因为它可以强化内心不断超越自我达成人生目标。不服输，亦可认为不放弃，坚持勇敢。它能让我们不畏一路的艰辛与挫折，一心地朝自己心中的梦想前进，化困难为阶梯，使梦想变得触手可及。

> **【低头生气，不如抬头争气】**
>
> 　　不服输的人生，不会输。人生可以经历失败、可以疼痛、可以流泪，甚至可以流血，但绝不可以认输。而只要不认输，就一定能收获最后的胜利的喜悦。

10.　冬天来了，春天还会远吗

生如夏花，绚烂于狂风暴雨之后；死若秋叶，静美于西风烈烈之后；疏影横斜，只摇曳在并不明朗的月夜；暗香浮动，只沉醉在燥热过后的黄昏。风雨后的彩虹，总是那么难忘，因为那是在暴风雨过后才有的绚烂奇妙；春天的感觉总是那么美好，因为那是经历冬天的寒冷才有的盎然生机。

考门夫人的《荒漠甘泉》中讲了这样一个故事：

她看见一只蛾长时间痛苦地挣扎着要从茧上面的一个小孔挤出来，她对这只蛾心生怜悯，于是把孔割大，以减轻它的痛苦，结果，蛾却死了。不经过从小孔挤出来的这个艰难的过程，蚕就不能消耗掉体内过多的油脂，从而化作一只可以自由飞舞的蛾。对一个生物的成长、成熟以及蜕变来说，痛苦挣扎的过程必不可少。

生物如此，其实人也一样。我们的成长其实也离不开打击和挫败。要想获得成功，你必须首先学会面对打击和挫败，只有在不断地战胜眼前的挫折和困难后，才能使我们在成长的道路上越走越好，越走越远。正如英国诗人雪莱所说："冬天来了，春天还会远吗？"只要经历了寒冬的洗礼，春天自然而然地就来了，这是自然界的必然规律；而之于人，只有经受了磨难，成功也自在眼前了。

寒冬磨炼意志，春天召唤希望。行在人生之路上，需要有跨越寒冬的意志力和迎接春天的快乐心情，即使身处冬天，想想春天不远，即使在冬天，也会有温暖。

希勒，美国著名的潜能开发大师，他曾经说过："任何一个苦难与问题的背后，都有一个更大的祝福。"他常常用这句话来激励学员思考，同时他也时常将这句话告诉他的女儿。

有一次，希勒出国演讲，正当演课进行时，他收到一封来自美国的紧急电报：他的女儿发生了一场意外，已被送往医院进行紧急手术，有可能截肢。他赶紧结束了课程，火速地赶回美国。到了医院，看到的是躺在病床上，一双小腿已经被截掉的女儿。

这时，他很伤心地看着女儿的遭遇，半天没说出话来。女儿好像觉察到了父亲的心事，告诉他："爸爸，你不是时常告诉我说，任何一个困难与问题的背后，都有一个更大的祝福？不要难过。"

希勒听完女儿的安慰无奈又激动地说："可是，你的脚……"

女儿又说："爸爸放心，脚不行，我还有手可以用呀！"

两年后，小女孩升中学了，并且再度入选垒球队，成为该联盟有史以来最厉害的全能垒球王。

当寒冷的冬天来临时，寒风瑟瑟，万物凋零，给人萧瑟之感。但不要忘了，在冬天之后，就是春天的降临，到那时，阳光明媚，草长莺飞，万物复苏，生机勃勃。出现在黑暗、痛苦中的人，不要忘记选择希望的光明，不要忘记，黑暗之后就是黎明。冬天来了，春天还会远吗？千万不要倒在黎明前的黑暗中。

冬去春来,我们总会走出严寒,走入温暖。人生也如四季更迭,只是需要我们有面对寒冬的勇气和毅力,战胜一个个艰难险阻;跨过一个个坑坑洼洼;度过一个个严冬酷暑,就能迎接胜利的曙光。

当一个寒冷的冬天来临,有多少人会抱怨,抱怨冬天的寒冷、刺骨,可又有多少人会从另一个角度思考,也许冬的到来未必是件坏事。只要我们熬过了冬,那么迎来的将会是温暖的春。冬的严寒对于我们来说就是人生的挫折、困境……在度过整个冬天的过程中或许很不容易,也许是充满坎坷的,但这个冬是蜕变——把人从低谷推到高峰的蜕变,只要我们守住新年,春天就不会太远……

有一次,马克·吐温与作家朋友郝威尔参加朋友聚会,出门就碰到天降大雨。郝威尔见到那倾盆大雨不禁悲从中来,他喃喃地问马克·吐温:"你看这雨会停吗?"马克·吐温回答说:"所有的雨都会停。"

当我们细细地品味,认真地发掘和体会,始终觉得马克·吐温说过的这句话非常经典:"每个人的生命中都会下雨,但是所有的雨都会停的。"生活中总是充满了风风雨雨,我们既无法回避,也无需回避。"冬天"虽冷,但总会结束。黑暗中,我们总会看到光明;失败中,我们总会看到成功;挫折中,我们总会看到希望。皑皑白雪之下孕育的是灿烂的春天,记住:走过冬天,我们也会迎来不远的春天。

【低头生气,不如抬头争气】

草儿枯了,是在为新生积蓄力量;花儿谢了,是在为后代积聚养分;风雨过后,孕育的是绚丽的彩虹;冬天来了,却正在孕育新的春天。人的一生伴随着酸甜苦辣,但最终还是能酝酿出甜蜜的美酒。面对"冬天"不懈怠,承受它的考验,战胜它,"冬天"既然来了,"春天"就在眼前。

第六章

不幸，恰恰是一种幸运

人生如潮，潮起潮落。既有春风得意、马蹄萧萧、高潮迭起的快乐，又有万念俱灰、惆怅莫名的凄苦。生活给了我们快乐的同时，也给了我们伤痛的体验。其实，生命中每个人都一样，有开心就有难过，有幸运就有倒霉的时候。倒霉的时候，不要怨天尤人，也不要幸灾乐祸；幸运的时候，不要忘乎所以，也不要不知足。沉湎在不幸中不可自拔，只有死路一条；而置身于幸运中不做居安思危的长远打算，后果也不容乐观。

1. 活着，便是幸运

没有永远的幸运，也没有永远的不幸。上帝为你关上一扇门，就会为你开启另一扇窗。

人生之得失，孰为幸与不幸？李白的不幸，幻化成了真挚动人的文字与情感，绚烂了历史的夜空，定格成了永恒的美丽；陶渊明的不幸，却在山水间传达了最美的声音，成了文学诗词国度里的国王。人生处于困顿之时所迸发出的生命的呐喊，终于穿越时空，打动了所有后来人的心灵。人生的不幸，终于成就了大幸。

古时候有一个秀才，千里迢迢准备上京赶考，途中经过一个峡口时，遇到了泥石流，道路被阻断，无法通行。秀才十分着急，然而无可奈何，只得在一户农夫家暂住。

秀才问农夫："这条路什么时候才能疏通？"

"快则一个月，慢则半年。"

"这岂不耽误我进京赶考吗？请问还有别的路可以走吗？"

"没有了，如果绕过这座山，起码也要三个月，如果你暂时住下，先等等看，路修好了，我就通知你。"

秀才越等越心焦，他茶饭不思，夜不能寐。想起今年的科举考试一定被耽误了，为了考取功名，他头悬梁、锥刺股，寒窗苦读十余载，却不料因为泥石流而耽误了前程。他仰天长叹不禁掉下了眼泪。不过他并没有灰心，还是希望能够早日进京考试。

日子虽然一天天过去了，但是由于阴雨天气不断，淤积的泥石流越来越多，道路疏通似乎遥遥无期。看来想要如期赶往京城是不可能的了。

两个月后，道路终于被疏通了，但是考试的时间已过，秀才只好落魄地回家。回到家，人们都感到十分惊讶，便问他："听说歹人入侵京城，死伤了许多人，你是怎么逃离京城的呢？"

秀才一听，顿时睁大了眼睛，他不敢相信京城竟然发生了如此大的灾难。

据说，这一年众多歹人入京，焚屋杀人，许多进京赶考的秀才也在劫难逃，而他却因为泥石流滞留中途，从而保住了一条性命，也算是不幸中的万幸了。

观一时之得失，不足为判断生命幸与不幸的证据。老子有言："祸兮，福之所倚；福兮，祸之所伏。"每个人都希望自己幸运多一些。无论是在事业上还是在生活上，总是希望幸运之神能陪伴左右，时刻降临。但是当幸运之神垂青于你，令你欣喜若狂的同时，你可有察觉到不幸之魔掌也难免向你悄悄地伸来，令你还未从幸运的狂热中清醒过来就掉进了不幸的深渊呢？

人的一生不可能总是顺风顺水，也不可能总是遭受困苦磨难。在生活中，幸运与不幸总会不断地交替出现，关键在于人们自身的态度。如果你积极乐观地面对，那么即使是不幸也会转化为幸运；如果你消极逃避，那么幸运有时也会成为不幸。

英国的赫弗塞尔大学做了一项针对运气的研究：大学的几位心理学教授，亲自到乡村邀请了100个人来参加这项实验。在这100个人当中，有半数的人认为自己是幸运儿，另一半的人坚定地认为自己是不幸运的，他们来到学校接受一个电脑化的投币测试。每个人一边看电脑屏幕上急行而过的卡通小矮人，一边投掷硬币，然后猜是正面还是反面。

当结果累加之后，出现了一个很奇妙的现象：那些自认为是幸运的人和那些自认是不幸运的人，所猜到的次数是差不多的。实验结果表明：自认不幸运的人并没有比自认幸运的人幸运或不幸运。

在经过进一步面谈后，教授们发现，自认为幸运的人记住的多是生活中发生的好事，忘记生活中不好的事；而自称不幸运的人则刚好相反，他们常常喜欢回忆自己的倒霉事，忘记美好的事。

幸与不幸是每个人不同的感受，本身并没有什么明确判断的标准，关键在于自己的心态。人生际遇丰富多彩，当我们身处逆境时，谁知道会不会是命运给我们的一次考验，上天与我们开的一个玩笑，或者为我们提供的一次转机呢？生活中每个人都有不尽如人意的地方，只要我们换一个角度去看就会发现，上帝其实已经在另一方面给予了弥补。为此，得而不喜，失而不忧，把握自我，超越自己才是人生最大的幸运！

一位著名作家曾说过："你感到自己很不幸，是因为你没有遭遇到更大的不幸。年轻人，请永远记住：这个世界上，除了死亡，没有什么是大事。只要你能够活着，便是幸运，所以，从现在开始好好地珍惜并过好每一天吧。因为只有你自己才是最好的医生，其他的人都无能为力。"人生再多的幸运、不幸，都是曾经，都是过去，一如窗外的雨，淋过，湿过，走了，远了。曾经的美好，留于心底，曾经的悲伤，置于脑后，不恋、不恨。学会忘记，懂得放弃。用一颗宽容的心，乐观地面对一切你就不会成为那个真正不幸的人。

【低头生气，不如抬头争气】

人的一生本来就是由幸与不幸相互交织组成的，没有永远的幸运，也没有永远的不幸。幸与不幸的转换只在瞬息之间，看似幸与不幸位于人生天平的两端，其实二者又近在咫尺。幸与不幸，关键在于你如何看待自己的过去，以及你对现时所采取的态度。

2. 幸运取决于心境

有些人时常仰望别人的欢乐，咀嚼自己的痛苦；仰望别人的幸福，舔舐自己的伤口；仰望别人的成就，郁积自己的平凡……于是，美丽总是别处，灰暗皆在心头。

现代心理学家也发现，坏事总是比好事更能引起我们的兴趣，更能使我们无法忘怀，于是我们就更容易记住那些不愉快的经历，从而常常有人发出"喝口水都塞牙"的感慨。

如果你总是自认倒霉就不对了。要知道，倒霉的人总是觉得自己倒霉，是因为他们看问题的方式不一样。"倒霉"的人思考问题总是朝负面、消极的方向去想。偶尔倒霉一下谁都会有，不能因为一点不顺心的事情就认为什么事都不合你意，把心态改正了，事情也自然就好了。

相传幸福是个美丽的玻璃球，跌碎散落在世间的每个角落。有的人捡到的多一些，有的人捡到的少一些，却没有人能拥有全部。爱你所爱，选你所选，珍惜现在拥有的一切。人活着就是一种心境，把握今天，设置明天，储存永远。只要用心感受，幸福便会永远地存在。

如果我们从另一种角度来认识世界，我们就能发现：

假如你的冰箱里有食物可吃、身上有衣可穿、有房可住、有床可睡，那么你比世界上许多人更富有；

假如你在银行有存款、钱包里有现金、口袋里有零钱，那么你属于世界上最幸运的人；

假如你今天早上起床时身体健康，没有疾病，那么你比其他人都幸运，因为有些人甚至看不到明天的太阳；

127

假如你从未尝试过战争的危险、牢狱的孤独、酷刑的折磨和饥饿的煎熬，那么你的处境更好；

假如你读了以上的文字，说明你就不属于那些文盲中的一员，他们每天都在为不识字而痛苦……

原来我们如此幸运，如此幸福。很多人感到痛苦烦恼，是因为没有明彻人生的真谛。生命是用来愉快地过生活的，幸福、快乐在很大程度上是由心灵决定的。我们唯有感恩生活的赐予，感谢人生的丰足，芬芳的花朵才能常开不败。

得到不一定就快乐，失去不一定不快乐，重要的是人不管在什么样的状态和情况下都能坦然面对，都能在每天点点滴滴的生活中找到一种让自己快乐的心态。所以我们要学会忘记苦难，才有空间容纳幸福。世上没有绝对幸福的人，只有不肯快乐的人。

一个女孩失恋了，悲伤和痛苦紧紧包围着她，她独自坐在公园的角落里暗自流泪，觉得整个世界都失去了色彩，任朋友们怎么劝都无济于事。

一位老人路过这里，听了她的故事，对她说："孩子，你不过损失了一个不爱你的人，而他损失的却是一个爱他的人。说到底，他的损失比你大，伤心的应该是他才对啊。"

这个女孩听完以后，觉得很有道理，心情慢慢明朗起来。

人生在世，困难、挫折在所难免，有些人遇到困难时一声叹息："哎，我怎么这么倒霉！"有些人遇到困难时则坚强地说："我要打败它！"要知道世界如此美丽，用美好的心灵去看世界，世界才会给你留下甜美的笑容。

曾经有一个人，年纪轻轻的就干出了一番大事业，这让周围的同龄人都很羡慕。在他23岁的时候，不幸遭到别人的陷害，在监狱里整整待了九年。在这九年里，他没有一天不抱怨，没有一天不怨恨。后来，这件冤案告破，他便又开始了常年如一日的控诉和咒骂："我真的是太倒霉了，在最年轻有为的时候却遭受这样的冤屈，居然让我在监狱里度过了人生最美好的时光。那里根本不是人能待的地方，巴掌大点的空间，狭窄得连转个身都很困难，那个窄小的窗口里几乎一年四季都看不到阳光。一到冬天就让人觉得寒冷难忍，夏天更是受不了蚊虫的叮咬。我真的想不通，上帝为什么不去惩罚曾经陷害我的那个可恶的家伙呢？即使将他千刀万剐，让他死千百回，也不能解我心头之恨啊！"

等到这个不断抱怨的人 73 岁的时候，因病痛的折磨，他终于卧床不起了。此时的他无依无靠，只能靠着自己仅有的一点力气存活着。弥留之际，有一位智者来探望他，对他说："可怜的人儿，在你去天堂之前，你给自己留一点忏悔的时间吧，忏悔你在人世间的所有罪恶！"躺在病床上的他，依然对往事怀恨在心、耿耿于怀，他对智者说："我没有什么需要忏悔的，我这辈子最需要的就是诅咒，诅咒那些曾经伤害过我的人。"智者问："在你年轻的时候，你因受冤屈在牢房里待了多少年？"他恶狠狠地说："待了整整九年。"智者听完，长叹了一口气说："可怜的人儿，你真是这个世界上最不幸的人，对你的不幸经历我感到十分同情和悲痛。别人囚禁了你整整九年，而当你走出监狱时，本可以获得永久的自由的。可是，你却用心底的仇恨和抱怨，又囚禁了自己整整 41 年啊。"

一个人的快乐取决于这个人的心境。一个真正懂得快乐、知道享乐的人，无论遇到什么境遇，都会随遇而安、随遇而乐，在他们的字典里根本就找不到"倒霉"二字，从而他们能从各式各样的遭遇中找到快乐的理由，留下爽朗的笑声。普希金曾说："假如生活欺骗了你，不要悲伤，不要心急，忧郁的日子里需要镇静，相信吧，快乐的日子将会来临。"人的一生是短暂的，不要总认为自己是世界上最"不幸"的人，一切都将会过去。

> **【低头生气，不如抬头争气】**
>
> 　　天空不会一直晴朗；阳光不会一直灿烂。生命之树不会长青，总会有老去的一天；生命之旅不会一帆风顺，总会有羁绊出现。境由心生，命由心定。生活是自己创造的，心情是自己营造的。用愉快的心情看天，天特别蓝；看花，花特别艳……

3. 拥有，就是幸福

　　人活着是一种心境。把得失看淡，就会豁然开朗。累了就靠岸；选择了就无悔；痛了才懂得幸福，心灵总有安家之所。看透生命本质，谁的头顶都有一片蓝天，谁的心中都有一片花海。

　　生活本就是一种愿望，生活的本质不是你需要什么就有什么。凡事要看得淡一些，看开一些，看透一些，什么都在失去，什么都留不住，唯有当下的快乐和幸福才是切实可以感受到的。

　　有人说，幸福就是在饥饿的时候能吃上热气腾腾的饭菜，口渴时能喝到清澈的水，寒冷时有足够御寒的衣服，贫困时有能够维持生存的钱财。

　　有人说，幸福就是能在忙碌之中闲下来，疲惫时能抽出时间休息，困乏时能够睡一个安稳舒适的觉。

　　有人说，幸福就是甜蜜地拥在爱人的怀抱中，暂时离别时心头有淡淡的思恋。

　　也有人说，幸福就是难得一个人独享清闲，能够自由地支配自己的时间，做自己喜欢做的事。

……

真正的清醒者，能够看透生活的本质。生活，其实是一种愿望，是一种想象的渴望，正是有了愿望和渴望，才让我们不断吸吮到其中的甘甜、美好和幸福。幸福很远亦很近，有时候，幸福是一种东西，在你费尽周折得到的时候；有时候，幸福仅仅是一个目标，当你长途奔波抵达的时候；有时候，幸福是一次比较，当你看到别人不幸的时候。幸福其实是我们内心的一种感觉，一种心态，只要你领悟了生活的真谛，原来幸福处处都有它的影子。

其实每个人的生命就像一团泥，都是一样的，只是塑造了不同的表象而已。认识那平平淡淡却奇妙得可以捏造出无尽形象的生命之泥，才是人生最大的意义所在。

民间传说终南山是个好地方，那里不仅住着神仙，还有长生不老药，人们很是向往那个地方。有一天，老天开眼，玉皇大帝下旨允许寻常百姓去终南山采摘长生不老药，这让人们高兴不已。

但是终南山远在海上，虽然叫山，其实是一座海岛，要到那里必须乘大船。于是人们纷纷打造船只，准备起航寻仙。几天以后，各种各样的船纷纷驶向终南山。船有大有小、有轻有重，小船船轻驶得快，一个月就能到达目的地。为了能最先采到不老药，许多人选择了小船，只有几个老人选择了大船。开小船的人讽刺那些坐大船的老者："你们坐的这个船又大又笨，恐怕到了终南山，不老药早就没了。"

几个老者说："我们活了这么多年，什么风浪没见过，我们只是想平稳地到达终南山，就算采不到长生不老药，看一看那里的神仙也知足了。"

十几天过去了，海上风平浪静，小船驶得很快，几乎看到了终南山的轮廓。而老者们驶的船，却慢得像头老牛，慢慢地在海上飘着，几位老人还饶有兴致地钓起了鱼来，不忙不急。对于他们而言，享受时光比吃不老药会更让他们高兴。一个老者说："反正是要到终南山，今年不到，明年也能到。"

又过了几日，突然暴风骤起，海上刮起了狂风。狂风掀着巨浪向那些小船狠狠地拍打着，小船承受不住巨大的风力，船上的人们纷纷掉进了海里。他们拼命喊救命，但是老天爷没有管他们，还是一个劲儿地刮着大风、掀着大浪。

大风整整刮了三天三夜，等海面恢复了平静，那些小船和小船上的人们都不见了踪影，只是剩下一些零碎的船体漂浮着。然而，老者们乘坐的船却没有被大海吞噬，他们稳稳当当，平安度过了这场暴风骤雨。天气转好，老者们走出船舱，继续钓鱼，谈笑风生。

半年过后，大船终于到达了终南山。老者们如愿以偿地看到了终南山的神仙，发现他们其实跟凡人一样会变老。神仙告诉他们："这世界上哪有什么长生不老药！之所以成了神仙，是因为我们放下了心中的欲念，学会了真正的享受而已。心境清明，平和安然，自然就能长生不老。"

生命之船本就载不动许多的欲望，如果我们不能够及时地修剪欲望，那么到最后只会落得船翻的境地。世上一切事情都随缘而适，给自己的心灵一片祥和的归宁之地，现代人时常患得患失，让过多的欲望占据心灵。正因如此，本可以很快乐、很幸福的我们，在心态浮躁之中，错过了多少快乐和幸福！

一位作家曾说过："我们不妨去追求最好——最好的生活，最好的职业，最好的婚姻，最好的友谊，等等。但是，能否得到最好，取决于许多因素，不是光靠努力就能成功的。因此，如果我们尽了力，结果得到的不是最好，而是次好，次次好，我们也应该坦然地接受。

人生原本就是有缺憾的，在人生中需要妥协。不肯妥协，和自己过不去，其实是一种痴愚，是对人生的无知。"生命中的每一个"刹那"都是生命旅程的一个片段，它是唯一的、不复返的，过了"此刻"，就再也不会有"此刻"了。所以，我们要好好地珍惜每一个"此刻"，如此才能幸福、快乐。

> **【低头生气，不如抬头争气】**
>
> 　　快乐是发自内心的，谁也拿不走，谁也不能占据，当太阳升起时，快乐会油然而生，当你生活在幸福生活中，快乐也会跑出来。快乐不需要理由，因为快乐本身就是生命的意义和价值。看"清"了快乐的本质，你也就看"轻"了人心的欲望。

4. 不要扩大自己的不幸

　　人的一生，折磨内心的是自己，让包袱永随心间的是自己。生活中，看别人的生活时，我们总喜欢放大别人的幸福，忽略他们生活中也有的不幸，所以别人的生活怎么看都觉得幸福。而看待自己的生活时，我们总喜欢缩小自己的幸福，扩大自己的烦恼，所以对自己的生活总有太多的不满。

　　幸运的人，看起来总能够在合适的时间出现在正确的地方，幸运之神总是对他们宠爱有加，即便遇到危险也总能化险为夷。不幸的人则刚好相反，他们的生活好像就是由一连串的失败和绝望组成的。其实不然，每个人都有自己的不幸和幸运，很多时候我们觉得自己不幸，无非是因为我们跟想象中的自己，还有一段距离。

　　不过，不幸也是一种人生的风景。不要抱怨人生当中的遭遇，因为人总是在不幸当中寻找出口，大多数时候，我们自认为的"不幸"

反而恰恰是一种"幸运"。

一个海难的幸存者被冲到一个荒无人烟的孤岛。他不停地祈祷，希望有船只来搭救他，可是一个星期过去了，连船的影子都没看见。

面对巨大的生存压力，他苦苦求救未果，不得已，他只好在岛上建了一个简易的小木屋栖身，早晨到岛上的树林里找食物充饥。一天中午，正当他拿着找来的野果准备回到小屋时，却发现他的小木屋起火了，浓烟滚滚，多少辛劳化为乌有。可怜的他感叹上帝不公，不禁仰天长叹："老天啊，你为什么要这样对我？"

他沮丧地坐在沙滩上，一直到黄昏。在夕阳的余晖下，一艘轮船的轮廓越来越清晰了。这个人获救，他好奇地问道："为什么会有船来救我？"船上的人回答说："因为我们看到了孤岛上的浓烟，知道这个岛上有人，并把浓烟当作求救的信号。"

遭遇坎坷的时候，我们或许容易怨天尤人，容易夸大不幸。烦躁、焦急、忧伤、绝望、窒息，甚至难以自拔，仿佛周围的一切都变了，美妙的音乐刺耳起来，七彩的颜色暗淡起来，快乐的日子痛苦起来。其实天空依然湛蓝，河水依然清澈，树林依然碧绿，只因心态一时难以适应，情绪糟了，感觉变了，观念扭曲了。

很多人都是缩小自己的幸运，而扩大自己的不幸。当一点点不幸来临时，我们就会忘了存在就是我们的幸运。

一次，一位将军率船队在海上航行，途中遇上了暴风雨。其中一名士兵是第一次乘船出海，所以吓得不停地狂呼乱喊，大哭不止，让船上的人几乎都受不了，因为这让本不担心的人们开始感到了恐惧。将军气恼地想下令把他关起来。

这时，将军身边的一位校官说："不要关他，让我来处理。我想我可以使他马上安静下来。"校官随即命令水手将那位士兵架起来，丢入海中。那个可怜的家伙一被丢下海，手脚乱舞，狂呼救命。过了一会儿，校官才叫人把他拉上船来。回到船上后，倒也奇怪，刚才歇斯底里大叫不停的士兵，静静地待在船舱一角，半点声响也没有。

将军好奇地问这位校官何以会如此？

校官回答说："在情况转变得更加恶劣之前，人们很难体会自身是那么地幸运。"

生活如同天气，有阳光灿烂之日，也有阴云密布之时。心愿与现实常常会发生冲突，期望的未必能够获得，能获得的却未必是所期望的，然而这就是生活。热爱生活的人，是不会抱怨不幸的，只会感谢不幸的发生和存在，因为经历过这样那样的不幸之后，人生才会更加成熟。

> **【低头生气，不如抬头争气】**
> "幸"与"不幸"不是生活本身，而是人的意识，幸不幸运来自于你的内心。巴尔扎克曾经说过："幸福的人都是一样的，而不幸的人各有各的不幸。"人生从来都不是一帆风顺的，有风有雨，有幸运也有不幸，要想活得精彩，就需要有一个正确的态度：无论在什么情况下，只要你觉得自己是幸运的，那么你就是幸运的。

5. 幸运源于自我

人不快乐的原因：忌妒、羡慕别人、觉得自己没有"想象"中的好。

不幸也是生活中的常态，对有些人来说，无论是走到哪里，无论是遇到什么事，都会觉得这样不幸，那样倒霉。这是什么原因造成的呢？是我们的内心。

有一个年轻人，从出生之日起，似乎就注定了有不幸伴随。在他十岁的时候，母亲因病离他而去。由于父亲常年不在家，他不得不担负起家庭的重任。

15 岁时，父亲又因车祸离开了人间。生活的压力一下子飞扑而来。年纪轻轻的他就开始谋生，懂得了如何养活自己。

20 岁时，在一次工程事故中，他永远地失去了自己的右腿，他不得不应付随之而来的诸多不便，因为他以后要靠着拐杖来行走。倔强的他从不轻易向别人寻求帮助。他拿出自己所有的积蓄，办了一个养鱼场。

可是，天有不测风云，当养鱼场刚刚步入正轨的时候，一场突如其来的洪水将他的劳动和希望一扫而光，他破产了。他非常愤怒，于是找到上帝，问道："为什么对我如此不公平？"

上帝反问道："你为什么说我对你不公平呢？"

于是，年轻人把这些年所遭受的不幸和辛酸一一向上帝讲了一遍。上帝听完他的倾诉后，微微地沉思了一下，说道："噢，确实有些悲惨。那你为什么还要活下去呢？"

年轻人彻底被激怒了，他对上帝大声说道："我不会死的。我经历了许多不幸的事，没有什么能让我感到害怕。你看着吧，总有一天我会创造出幸福来。"

看着愤怒的年轻人，上帝笑了。他打开地狱之门，指着一个灵魂给他看，然后说："那个人生前比你幸运多了，他几乎是一路顺风走到生命的终点，只是这一次和你一样，在同一场洪水中失去了他所有的财富。但和你不一样的是，他选择了自杀，而你却坚强地活着……"

　　幸运来自于我们的内心。年轻人认为上帝让自己遭受洪灾是不幸的，但是，上帝认为，年轻人在这次洪灾中，选择了坚强地活下来，是一种最大的幸运，是一种新的开始。在不幸面前，如果你选择逃避，最终会被不幸的洪水淹没；如果你选择看淡一切并努力地重新开始，那么你一定会收获成功。

　　乔治是一家著名杂志社的心理顾问。他每天下班以后都要路过一个报摊买一份报纸。虽然那个报贩既粗鲁又冷淡，但是乔治却从不放在心上，每天拿过报纸和找回的零钱，都会热情并且很有礼貌地跟他说声谢谢。

　　有一天，他与朋友一起在这个报摊上买报纸。乔治像往常一样对报贩说了声谢谢，但是卖报纸的商贩却冷言冷语的应付。

　　"这个家伙的态度真是太差了，不是吗？"乔治的朋友这样抱怨道。

　　"他总是这样对待客人的！"乔治这样回答。

　　"那你为什么还要对他那么客气呢？"乔治的朋友吃惊地问道。

　　乔治听到后，就立即笑了，回答说："我为什么要让他决定我的行为呢？"

　　其实，每个人心中都有一把快乐的钥匙，只是有时候我们却不自觉地将之交到别人的手中去掌管。一切的痛苦，一切的苦根都只有"我"。"我"便成了快乐人生、幸福人生的第一障碍。生活中，我们之所以痛苦，就在于心中永远装着一个"我"。我们一切行为的目的都是为了"我"，为了满足"我"的精神需求和物质需求等，最终将自己拖入苦痛之中，无法自拔。

　　有人说，当你觉得自己很痛苦的时候就会痛苦难受；当你觉得自己很倒霉的时候就倒霉；当你感觉自己快乐的时候，你就真的会快乐幸福；当你觉得自己很幸运的时候，你就非常幸运，这完全取决于你的心态。所以让自己开心吧！让我们闭上眼睛，一起去勾勒未来美好的蓝图，将一切烦恼、痛苦和忧伤全部抛进人海，背着快乐，勇往直前。

> **【低头生气，不如抬头争气】**
>
> 　　每个人都希望在这个世界上能生活得更快乐、更如意，聪明的做法就是改变自己，而不是改变外界。

6. 与其羡慕他人的"背影"，不如欣赏自己的"足迹"

花儿羡慕树木的高大，树木却羡慕花儿的芬芳。现实中，有些人总是不由地去羡慕别人，可谓"风景总在别处"，而忽视了自己的"风景"。你站在桥上看风景，看风景的人在楼上看你。在羡慕别人的同时，你也是别人眼中的"风景"。与其羡慕别人的美丽，不如好好欣赏自己的独特，你就是你自己最好的作品。

每个人都有自己的幸福和快乐，每个人都有自己的不幸。但是，生活中因为不知道自己身上也有别人羡慕的东西，我们总是会不自觉地去注意别人所拥有的东西，并对其抱之以极大的羡慕之情，就如同信步湖边，抬眼望去，诱人的总是对岸的景色，却忽视了自己的此岸景色也同样迷人。

有这样一则寓言：

猪说假如让我再活一次，我要做一头牛，工作虽然累点，但名声好，让人爱怜；

牛说假如让我再活一次，我要做一头猪，吃罢睡，睡罢吃，不出力，不流汗，活得赛神仙；

鹰说假如让我再活一次，我要做一只鸡，渴有水喝，饿有米吃，住有房，还受人保护；

鸡说假如让我再活一次，我要做一只鹰，可以翱翔天空，云游四海，任意捕兔抓鸡。

有些人总在仰望和羡慕着别人的幸福，一回头，却发现自己正被人仰望和羡慕着。欣赏别人所得到的，不如珍惜自己所拥有的，当你蓦然回首时，这一切都会变成永久的人生积淀和生命印迹，美好真诚，真切感人。记住：永远不要在羡慕别人的沼泽中迷失自己！

羡慕别人说明我们追求进步，希望自己变得更好。但是，如果我们一味羡慕的只是别人光辉灿烂的一面，而别人遇到困难时的失败我们不屑一顾，对于他人的颓废、失意，更多的时候我们不齿一提，却往往会忽略了自己的优点，从而埋没了自己的人生。

有一只公鸡，个头很小但却雄心勃勃。它很羡慕那些强者的生活，它总是梦想着自己在某一天也可以变成像森林里的狮子一样强悍的动物。但是无论如何努力，它的梦想也丝毫没有进展。于是，它就开始了无休止的抱怨。佛祖听到了，便来到凡间，站在它的面前，问道："在我的眼里，众生皆平等，你为何总是羡慕他人的生活呢？"

公鸡回答道："佛祖，您高高在上，受万物的膜拜，如何能够理解我们这些弱小者的痛苦呢？我每天都生活在既潮湿又阴暗的鸡棚中，每天都要吃那些人们随手丢弃的米糠类食物，而且还会遭到人类的驱赶，多数情况下，还要饿肚子，还有被宰杀的危险。我实在不想过这种低下的生活了，求您赶快让我变成狮子那样强大的动物吧！"

佛祖说："你为何羡慕它们的生活呢？要知道，它们也在为自己的身份而苦恼呢。"

公鸡不相信，认为佛祖在欺骗它，便说："狮子那么强悍，每天都有肉吃，有舒服的洞穴可以住，还用羡慕谁呢？"

佛祖听罢，就领着公鸡来到一片大草原上面。不远处，有一头贵为林中之王的狮子正在怒吼着，它之所以如此生气，是因为它身上那些蚊虫和虱子之类的小动物正在肆无忌惮地吸食它的鲜血，而它却无计可施；另一边，公鸡也看到一头母狮子正在拼命地追逐着一头鹿，它张着大口却依然无法捕捉到猎物，最终因为饥饿而倒下了。

看到这样的情况，公鸡就叹道："原来它们的生活还不如我的清闲自在。我真的不用再羡慕它们了。"

佛祖笑道："你先前之所以羡慕它们，是因为你根本不知道它们的痛苦。"

肤浅的羡慕，无聊的攀比，笨拙的效仿，不会带来快乐、幸运，只会让自己整天活在他人的影子里面。松下幸之助曾说："我们不必羡慕他人的才能，也不须悲叹自己的平庸，各人都有他的个性魅力。最重要的就是认识自己的个性，而加以发展。"学会欣赏自己，借鉴他人，看远处的风景，准确把握自己的坐标，努力走好脚下的每一步，这才是人生的魅力所在。

> **【低头生气，不如抬头争气】**
> 　　与其羡慕别人的"背影"，不如欣赏自己的"足迹"；与其仰慕别人，不如仰望自己；与其羡慕别人，不如加快自己的脚步。不必仰望别人，自己亦是一道"风景"。

7. "不幸"中的"万幸"

世界上最不幸的人，不是遇到打击的人，而是在打击中一蹶不振的人；世界上最幸运的人，不是顺风顺水的人，而是在逆境中从新站起来的人。幸运中蕴藏着不幸，而不幸中往往会产生令人羡慕的幸运。

事实上，每个人在生活中都会经历好与不好的事，只是有些人努力去记住美好的事，而有些人则只记住不好的事。一旦当你自认为是个幸运儿之后，别人也会比较容易如此认同你，你获得"幸运"机会的可能性也会增加。

马太·亨利是一个非常著名的传教士。一天，他出去传道时，被一伙强盗围住，不仅把他暴打一顿，还把他身上所剩的一点盘缠也搜刮一空。身无分文的他走在空旷的田野上，一步一步地往目的地进发。

后来他在自己著名的日记中这样写道："我要感谢上帝，感谢上帝给我这样的保护。我真是太幸运了。"

接着，在接下来的日子中他列出了几点来说明自己幸运的理由：

我在此之前竟然从来没有遇到过类似不幸的事情，这次遇见真是幸运；

强盗只是抢走了我的钱，我的生命却是安然无恙，我真是幸运，遇到这样的强盗；

他们只是抢走我身上的钱而已，并没有抢走我所有的财产，而那些钱是可以再挣回来的。因此我也感觉到自己真的很幸运；

是他们抢我的钱，而不是我抢他们的钱，愿上帝原谅他们的一时无知。

人生中的幸与不幸在于你如何看待。人之一生，会遭受到很多"不幸"，遇到这些灾难的时候，如果你不自觉地放大自己的不幸，那么这些困境并不能让你走出迷惘，这种消极会让你愈发觉得自己很不幸，从而陷入低谷情绪的恶性循环，你便会被这些小小的挫折包围，在暂时的失意里迷失方向，就会无法自拔，被自己想象出来的悲伤淹没。

西汉时期，汉武帝在苏武出使匈奴的第二年，派出了他的小舅子兼贰师将军李广利，带兵三万准备攻打匈奴。没想到汉军却吃了败仗，李广利逃了回来。于是，汉武帝派出李广的孙子李陵带着5000骑兵强弩接应李广利。

但令人无奈的是，匈奴单于亲自率领三万骑兵把李陵和他的士兵团团围住。因此尽管李陵的箭法百发百中，士兵也英勇无畏，但匈奴在数量上有压倒性的优势，最后汉军寡不敌众，弹尽粮绝之时李陵只得向匈奴投降。

李陵投降匈奴的消息很快传入朝廷，朝廷为此十分震惊。汉武帝大发雷霆，命人把李陵的家人都关了起来，并且召集大臣，要他们议一议李陵的罪行。大臣们都谴责李陵不该贪生怕死向匈奴投降。汉武帝便询问太史令司马迁，想听听他的意见。

司马迁说："李陵带去的士兵不足5000人，他深入敌人腹地，与几万人拼死作战。虽然打了败仗，可是他也杀了那么多敌人，也得以向天下人交代了。李陵不肯战死，肯定有他的主意。他一定还想将功赎罪来报答皇上的。"

汉武帝本就在气头上，听司马迁这么一说，认为司马迁在为李陵辩护，是有意贬低李广利，便勃然大怒说："你这样替投降的人强辩，不是存心反对朝廷吗？"汉武帝大吼一声，命人把司马迁押入大牢，交给廷尉审问。

一番审问过后，给司马迁定了"腐刑"。司马迁家里比较穷，没有钱赎罪，只好受了刑罚。在监狱里的时候，司马迁为自己的遭遇感到羞愧，几乎想自杀。但他坚持了下来，完成了中国古代最伟大的历史著作——《史记》。

人生总会不断遇到自己认为的幸运与不幸的事情。所遇一切幸运与不幸运的事，其实皆是自己人生中的必然。在经历"幸运"与"不幸运"的过程中，人会见识许多，知道许多，明白许多……人会在"幸运"与"不幸运"中逐渐成长、成熟。在正确对待幸运与不幸中追求光明、真理与人生幸福，这就是真实的人生。

无论是对生活还是对人生，我们都不用太在意"幸"与"不幸"，否则将失去宽阔的心胸，无法超然物外。要知道，你不是世界上最不幸的人，别自怜自艾，沉醉在自己的不幸中。珍惜当下才能享受现在，经验告诉人们，分析事情都要全面看待，不能以点代面、以偏概全。要全面客观地分析问题，解决问题。否则会错失良机，陷入思维的死胡同中，找不到出路。所以，我们要善于打开心怀，用乐观的心态去面对自己的不幸。

【低头生气，不如抬头争气】

　　在现实生活中，我们都有这样的体会：当你认为自己很幸运时，就会激发出一种乐观、振奋的精神，激励自己能更努力，更机灵地去追求自己所想要的东西；但如果你只记得倒霉的事而认为自己不幸的话，则可能会选择放弃。

8. 没有命中注定的不幸，只有死不放手的执着

作家素黑说："从来没有命中注定的不幸，只有死不放手的执着。"若你不肯放手，即便是微不足道的伤口，被你不停地拨弄，不但不会愈合，反而会加速它的溃烂。放手，再深的伤口，也能痊愈。

有人说，执着是苦。有时候，放手便是一种快乐，便是一种幸运。痛苦源自执着，因为执着与画地为牢只有一步之隔。其实，很多痛苦，并不是源自不幸本身，而实在是我们自己过于执着了。当不幸降临，你抓住它不放，它将把你摧残得支离破碎，心神俱疲。但是，你也可以放手，任它摔落在地，不伤你丝毫。

在深山里住着一户人家。父亲是一位猎户，以打猎为生。然而，不幸的是，一天，父亲在山中打猎，追赶猎物时，不小心掉进了山崖。

两个儿子将父亲救回家时，父亲已经奄奄一息了，在弥留之际，他指着墙上的两根绳子，断断续续地对两个儿子说："给你们两人一人一根绳子……"话还没说完，父亲就咽气了。

两个儿子非常悲痛地埋葬了父亲，从此，兄弟二人就继续以打猎为生。日子一天天地过去，山中的猎物也渐渐地少了。有时候，出去一天，连猎物的影子都看不着，两人的日子越来越难以维持。弟弟就对哥哥说道："咱们还是去干点别的吧！"哥哥不同意："咱们祖祖辈辈都是打猎的，我们还是本本分分地打猎吧！"

弟弟最终还是坚持了自己的想法，拿着父亲给他的那根绳子，上山打柴去了，用绳子将打好的柴捆好，然后背到集市上去卖。慢慢

地，弟弟赚了几个钱，于是在城里安了家，并做起了小生意。

而哥哥则依旧住在那间破旧的老屋里，仍旧干着打猎的营生。因为经常打不到猎物，生活越来越拮据，每天都愁眉苦脸的，日子一天天煎熬着。

终于有一天，弟弟到屋子里去看望哥哥。发现他已经用父亲送给他的绳子上吊了。

什么时候该放手，什么事情该放手，我们应该了然于胸。一味地沉陷其中，只会让原有的幸福离你越来越远。懂得放手才能成全美丽人生。放开悲伤，放开琐碎，放开过往心结，人生会过得更加精彩。放开那些不切实际的空想，等到数年光阴逝去之后，才不会哀伤地嗟叹人生的无为与空虚。

有两个商人，他们各自带着自家制造的雨伞到北方去卖。去之前，他们都没有做市场调查，他们不知道北方下雨是不是很多，也不知道雨伞在北方能否卖个好价钱，反正他们认为南方的雨伞质量好而且价格还便宜，不管走到哪里都应该能卖出去。

可是，到了北方他们才发现，因为北方下雨很少，所以很少有人用伞。两个商人顿时傻了眼。

一个月后，他们在回家的路上相遇，一个垂头丧气，一个却意气风发。

"你这么高兴，是不是伞都卖完了？"

"是啊，都卖完了。"

"北方不下雨，谁用伞啊！我的雨伞堆得都快发霉了，你是怎么做到的呢？"

"伞还是伞，只不过我将雨伞改成了太阳伞。伞可以挡雨，也可以挡风。北方阳光那么强烈，很需要遮阳伞啊！"

另一个人佩服地点了点头。

俗话说："人挪活，树挪死。"过分执着就是变态，就是愚蠢，过于执着的人顽固、偏激，不懂得变通，无论其再努力也达不到既定的目标。与其蹉跎岁月，徒劳无功，还不如干脆放下。放下那宏大的美丽理想，选择那些伸手可及的目标时，或许人生的局面就会在瞬间柳暗花明，实实在在的幸福正等在你身旁。

其实，人生有许多无谓的错过，都是因为固执地坚持了不该坚持的。人之一生，之所以觉得不快乐、不幸运，是因为人们不断地去追逐，不断地在感受短暂的幸福后又产生了新的痛苦，像一个永动机一样，永远没有停歇的时候。为此，我们要想在漫漫人生长路中永久地抓住幸福和快乐，就要学会放弃，放下不切实际的期待，放下没有结果的执着，用心感受你手中所拥有的。

> **【低头生气，不如抬头争气】**
>
> 一个有智慧的人，必须懂得看得通、放得下。有些时候，我们不必太过于执着，免得伤人伤己。放开那些已经不属于你的幸福，你才能获得新的幸福。

9. 不完美才是人生

有句谚语说得好："世上没有不生杂草的花园。"也有人说得风趣："月亮的脸上也是有雀斑的。"说到底，金无足赤，人无完人。世界上没有绝对完美的事物，也没有一个绝对完美的人。不完美是"昨夜西风凋碧树"的清醒，而完美往往是"高处不胜寒"的迷惘。因此，生活中面对失落、痛苦、不幸时，多一份满足，多一份自信，才不会辜负人生的美丽。

季羡林说："每个人都争取一个完美的人生，然而，自古至今，海内海外，一个百分之百完美的人生是没有的。所以我说，不完美才是人生。"人生就是这样，生活中没有完美的东西，也没有尽善尽美的事情。

有这样一个很有意思的故事：

从前，有一个追求完美的男人，却一辈子独身，因为他一直在寻找一个完美的女人。在他 80 岁的时候，有人问他："你始终在寻求，跑遍了全国各地，难道你就找不到完美的女人？甚至连一个也没找到？"

他摇了摇头说："不，有一次我碰到了一个完美的女人。"

"那为什么你们不结婚呢？"

他一脸悲伤地说："她正在寻找一个完美的男人，而我并不是她要找的那一个完美的男人。"

一个完美的人生其实是不完美的，不完美的人生才是完美的！世界上没有绝对完美的事物，也没有一个绝对完美的人，所谓的完美，在很大程度上不过是我们的一些虚幻的想象而已。

弘扬法师说："物忌全胜，事忌全美，人忌全盛。"他其实是告诉我们，任何事情切忌追求完美、圆满，否则，劳心劳力也只能是无功而返。其实，这个世界本身就是有缺憾的，正因为有这样那样的缺憾，才呈现出五彩缤纷的色彩来。人生亦是如此，正是因为有了这样或那样的遗憾和不完美，才会韵味十足，让人回味无穷，才呈现出多姿多彩的未来。

诸葛亮失街亭，无奈之下唱"空城计"，欧洲的拿破仑滑铁卢全军覆没，最后被流放孤岛客死他乡，但都无损于他们在历史中的英名；世界三大男高音之一的多明戈曾经在万人演唱会上失声走音，也丝毫无损他在音乐界的泰斗地位。

有这样一个故事：

有位渔夫从海里捞到一颗晶莹剔透的大珍珠，爱不释手。但美中不足的是珍珠上面有个小黑点，"美珠有瑕"。

渔夫想，如果能将小黑点去掉，珍珠将变成无价之宝。可是渔夫剥掉珍珠的一部分表层，黑点仍在。他又狠心地刮去一层，但黑点还在。于是，他一层层地剥下去。最后，黑点是没有了，珍珠也不复存在了。

珍珠不见后，渔夫一病不起，临终前，他无比怅悔地对家人说："当时我若不去计较那个小斑点，现在我手里还会攥着一颗硕大美丽的珍珠啊！"

追求完美即是不完美。生活中，多少失落、痛苦和不幸正是源于它。人生若过于执着且不肯变通，必然陷入完美主义的心理误区。欲除掉珍珠斑点的那个人一定是最痛苦的人，因为在他的眼中，看到的多是不完美，因而一次次与机遇擦肩而过，与成功遥遥相望，最终只落得两手空空。

一个完美没有曲折的人生，让人没有缺憾，不会理解失去的痛苦和得到的幸福；一个没有品味过分离的相思之苦的人，不会领略到相聚以后的幸福的甜蜜；一个没有经历过被出卖的遗憾的人，不会体会到忠诚的可贵；一个没有品尝过失败的痛苦滋味的人，不会体会到成功的喜悦……人生就是这样，有所欠缺，才是真正完美的人生；有所欠缺，才是真正完整的生活。

在一个辽阔的草原上，一只小长颈鹿刚刚出生。过了两天后，它就能蹦蹦跳跳了。可是，它渐渐地发现，自己的脖子太长，干什么都觉得碍事儿。一天，它跟同伴们去小河边喝水，其他小伙伴稍微一低头，就可以够着水。可是，它把头低下好多还是够不着水。于是，它只好趴下来，伸长舌头，这才够着一点水，样子难看极了。其他小伙伴觉得这是它的一个缺陷，所以开始有点嫌弃它，甚至看不起它了。

小马说："为什么你的脖子那么长呢？看起来一点作用都没有。"于是，大家都开始疏远小长颈鹿，不愿意跟它一起玩耍了。这样，小长颈鹿每天只能够看着别人玩，心里难受极了。于是，它就把自己锁在房里，谁叫也不肯开门。

有一天，长颈鹿还是把自己关在房间里，爸爸妈妈叫它出去散散心，它也不肯去。突然，从它的窗外闪过一个影子，它细心一看，原来是小野狗——这个草原上的推销员。小野狗对着窗户说："小家伙，别整天闷闷不乐的了，你现在出来，我送你一样好东西，你见了肯定会高兴的。"小长颈鹿一副没精打采的样子，淡淡地说了句："你从窗户上递给我吧。"它接过东西，发现是一张精制漂亮的卡片，上面写着"热带草原整容中心"八个大字。

过了两周后，小长颈鹿出院了。它一路狂奔，顾不得烈日的暴晒，心里只想以最快的速度把这个消息告诉它的伙伴们。可是刚一回到家，父亲看它奇怪的样子，就大发雷霆，骂它道："你把你的脖子弄得这么短，看起来像什么话，以后要是吃了苦，你可千万别后悔。"可是，小长颈鹿根本就听不进去，它只知道它又可以和大家一起玩耍了。

又过了几个月后，一场大雨突至，干涸的大地在尽情地享受着甘甜的雨水。这时，小长颈鹿已长大了，但它却十分消瘦，再加上它的个子不够高，吃不到树上的叶子，所以只能靠父母，但它始终也没意识到自己所犯的错误，似乎没有一丝后悔之意。

有一天，鹿群在一块草地上歇息，突然间大家都发狂似地奔跑，而只有它，却停靠在一棵大树下，浑然不觉危险已经降临了。最终，狮子追上了它，它的性命危在旦夕。

其实，长颈鹿的脖子是有着巨大作用的，不仅可以观察到远方的敌情，还可以吃到树顶的叶子。但是，故事中的这只小鹿，却不懂得利用现有的条件，进而完善自己，反而让自己陷入困境中。生活中也一样，人们在追求完美的过程中，总是以为真正的完美就是没有任何缺陷。殊不知，完美的东西是不存在的，世间万物皆有缺憾。

不完美才是真正的人生，勇敢地接受生活中的不完美吧！有人问俄罗斯著名钢琴家鲁宾斯基："你有没有弹奏出错的时候？"他说："当然有，若把我出错的地方加起来，足可以编成一本厚厚的书！"人生不可能永远精彩，再伟大的人也不可能永远风光。接纳自己，宽容自己的缺憾，发现自己的长处，发展自己的优势，一定会有精彩的时光。

【低头生气，不如抬头争气】

十全十美是上天的尺度，而要达到十全十美的这种愿望，则是人类的尺度。日有东升西落，月有阴晴圆缺，不完美是生活的常态，勇于接受，做好自己便是成功！

---

10. 如果为了没有鞋而哭泣，看看那些没有脚的人

古人云："他骑骏马我骑驴，仔细思量我不如，回头看见推车汉，上虽不足下有余。"幸福就是一种感觉，喜欢和人比较人是永远都不会感到幸福的，反而会徒增烦恼，让人失去快乐。

生活中，有些人总是爱抱怨自己拥有的太少，总是羡慕别人拥有的多，却从没想过，当你拼命仰着头希望得到更多的时候，低下头来

看到的却是比你更不如意的人。人就是这样，越是得不到的东西越想要，对于自己现在所拥有的视而不见不说，还总是抱怨老天也对自己不公，永远不知道满足。

当我们为了工资没有增加而埋怨、苦恼时，有些人还在为找一份糊口的工作而四处奔波；当我们还在为我们不能穿一双像样的鞋子而感到难过时，有些人却根本没有脚。所以不要总是抱怨上帝给你的太少，其实，相比很多人，你拥有的已经太多。

海伦·凯勒说，生活中，很多时候我们在哭泣自己没有鞋子穿的时候，抬头一看，发现周围有人没有脚。你所拥有的，可能正是别人所羡慕的。虽然没有大房子住，可是我们不用像乞丐一样露宿在外；虽然没有太多的财富，但我们却不会像那些难民一样需要别人的救助才能充饥；没有美丽的身形，但我们却拥有健康的身体……只要你懂得珍惜，生活中处处有福气。

一个人幸不幸运，快不快乐，并不在于金钱、利益占有的多少，而在于一个人对待生活的态度。

人往往只会看到自己的不幸，感受自己的痛苦，但放眼看看自己周遭的一切，或许你会发现你其实是幸福的。知足者常乐。如果一个人懂得知足，他一定是快乐的，相反，如果不懂知足，拥有越多烦恼也会越多。只有知足，才会快乐。

很久很久以前，有一个非常富有的国王，全世界的金银珠宝他都触手可得，可他一点都不觉得快乐。为此，他昭告天下寻找世界上最快乐的人。一年过去了，又一年过去了，一天一个大臣带来了一个风餐露宿的乞丐，他看起来几乎从来没有吃饱穿暖过，但脸上始终挂着平静的微笑。国王诧异极了，问："你为什么如此快乐？"乞丐想了想，说："我也曾经为了自己没有鞋穿而感到沮丧，直到有一天我遇

<dt>4</dt>

见了一个没有双脚的人，我才懂得自己是多么的幸福……"

国王愕然，从此他像变了一个人似的，积极乐观、勤于国政……

有位哲人说："在这个世界上，你是自己最好的朋友，你也是自己最大的敌人。"当你接受自己、热爱自己时，你的心里就充满了阳光；而当你排斥自己、讨厌自己时，你的心灵就会冰雪覆盖。你要知道，微不足道的一点烦恼也可以染黑你的整个生活。

现实生活中，有些人希望事事做到完美，人人都能赞许他。但当这种想法不能实现时，他们就很轻易地陷入不如意的境地，觉得自己是全世界最倒霉的人了。也许你并不确切地了解自己幸运与否，那么想想吧，我们还是很幸运的，我们有健康的身体，健全的人格，有爱着我们的亲人，还有可口的饭菜吃……只要肯用心去面对，用心去体会我们当下拥有的，足以幸福一生了。

【低头生气，不如抬头争气】

老子说："祸莫大于不知足，咎莫大于欲得。"不知足是最大的祸患，贪得无厌是最大的罪过。想要幸福其实很简单，最重要的一点就是要懂得知足。只有容易满足的人，才能获得幸福；那些贪得无厌的人，是永远都不会感觉到幸福的。

第七章

抬头看大势，抬头知进退

抬头，展现的是君子坦荡的优雅自信，彰显的是压不倒、摧不垮的凛然正气。人只有抬得起头，才能看得清时局，才能把握住机会，最终成就自我、走向成功。生活中，抬抬头，是为了更好地知大势、知得失、知进退、知荣辱。

1. 抬起头，永不服输

昂首挺胸，阔步向前，是彰显自信与乐观、拼搏和雄健；低眉却步、犹豫徘徊，代表了自卑与怯懦。抬头和低头，从来都不是人生路口上的两难抉择，无论风雨坎坷，勇敢抬头面对永远都胜过怯懦地低头避让。

抬头是坚持正义、抵制邪恶的正气；低头是事不关己，明哲保身的冷漠；抬头是困难、挫折前的坚韧，低头是命运考验时的屈服；抬头是身残志坚的顽强，低头是任命运摆布的懦弱。低头是一种贪生怕死的怯懦，是一种对责任义务的逃避，是一种对人格尊严的猥琐，而抬头是一种力争上游的勇气和信心。

纳撒尔·鲍迪奇，面对困难他总是抬头挺胸，因此他一生战胜了很多逆境，最终成为了一个为世界做出伟大贡献的人。

纳撒尔·鲍迪奇出生于 1733 年，活了 65 岁。他从十岁开始就自学拉丁文，研究牛顿数学理论。21 岁时，纳撒尔·鲍迪奇已经成为了当地有名的数学家。此后，他出海研究航海知识，还教会了所有船员观察月亮以便确定航海的位置。他因此出版了一本有关航海的书，成为了航海家。

他从未受过正规的教育，但对于纳撒尔·鲍迪奇来说，他根本不知道什么是困难。他并没有想到大学教育是成为科学家的首要条件，而是坚韧不拔地挺胸抬头、勇往直前，获取一切必要的知识，在纳撒尔·鲍迪奇的字典里，困难这个词根本找不到。

面对疾风，抬头挺胸的成长为雄鹰，低头顺从的变作蛇蚁；面对暴雨无畏抬头的生长为大树，匍匐低头的化成了细草。人生路上的风雨坎坷，需要我们摆脱低头的怯懦，勇敢抬头面对。

面对苦难抬头还是低头？苦难之下，困境之中，低头屈从了风雨，不如抬起头来坚强面对。头骨是人身上最硬的骨头，我们没有理由不坚强抬头笑对困难。低头抖腿不敢答话的人，歹徒抢得肆无忌惮。生活也是如此，你越是低头求饶满脸可怜相，它便毫不留情地折磨你，真不如勇敢抬头坚强面对。因此，在以后的生活中，我们如果遇到了困难，应勇敢地抬头面对困难，而不是闭眼听天由命！

林枫和王伟两人是高中同班同学。两人都喜欢街舞，只要班上一有活动，两人每次都会趁机露一手。课余时间，两人也经常一起练街舞。

这天，林枫和王伟两人都从班主任那里得知省里要举行一次大型的街舞比赛，获得冠军的学生不但能获得高额奖金，在高考时还能享受加分，只是每所学校仅限三名学生，并且要在本周五前报名。得知消息后，林枫想："咱们学校那么多跳街舞的，虽然比我跳得好的大有人在，但就算我输了，没有得到冠军又怎么了，至少我努力过。距离比赛还有两天，我要抓住这次机会。"于是，他果断地报名了。

而王伟就不一样了，得知消息后，他开始犹豫拿不定主意了。"虽说自己比林枫跳得要好，在学校里比赛，我每次都能拿冠军，但这么重要的比赛，肯定是高手如云，要是自己输了，得不到冠军该多丢人啊？"王伟就这样退缩了。

一个月后，林枫被通知获得了冠军，并邀请去省城参加颁奖典礼。得知这一消息后，王伟后悔万分，一个能够获得冠军的机会，竟然被白白地送给了别人。

太阳不会因为你的失意，明天不再升起；月亮不会因为你的抱怨，今晚不再降落。蒙住自己的眼睛，不等于世界就漆黑一团；蒙住别人的眼睛，不等于光明就属于自己！抬头，就是要有一种永不服输的精神。只有昂首前行，相信自己，不退缩，不逃避，不懈怠，不轻言放弃，坚持到最后，我们才有资格迈进成功的大门。

> 【低头生气，不如抬头争气】
>
> 　　有的人像向日葵敢于接受人生的风风雨雨；有的人则喜欢像含羞草一样，低头向暗壁，千唤不易回，唯唯诺诺，苟且于人间。面对挑战，是抬头还是低头？低头畏缩不前，只会换来平庸和失意；而抬头勇敢相对，才能展现自信的绝美风采。

2. 跑好"龙套"，修好"跑道"

泰山不拒细壤，故能成其高；江海不择细流，故能就其深。一切伟大的事业都是从小事开始的，再宏大的高楼大厦都是由一粒粒的细砂装建而成的。一个人想要成就一番事业，必须先跑好"龙套"，修好"跑道"。

卡耐基曾说："不要因为嫌事情轻微，就不愿做出最佳表现。事实上，完成任何一件事，都能使人更强壮。能把小事做好，做大事也不会有什么问题。一个不注意小事情的人，永远不会成功大事业。"一个人要想获得成功，首先要注重细节，甘于从小事做起。

成功是人人向往的，但不是人人都能做到的。在前行的道路上，不乏志存高远、胸怀大志的人，但不幸的是，每一项工作都是由一些平凡而琐碎的小事构成，愿您把生活中的每件小事做得都像珍珠一样精致，像麦穗一样饱满，像山峦一样高大……一滴滴，一步步，让人生的列车最终驶向最美的风景地。

保罗和卡特是大学中的同班同学，毕业后，他们一起找工作。由于就业形势比较严峻，他俩只好到一家工厂去应聘。

工厂提供给他们两个清洁工的岗位，保罗认为自己是名牌大学生，很不情愿干；而卡特决定留下来，他知道，这份工作来之不易。保罗对这份工作是十分不屑一顾，但是因为找不到更好的工作，并且可以和卡特在一起工作，他也决定留下来了。

保罗一心想成为公司的主管，为此，对工作没有任何的积极性，应付了事，倒是经常到办公室与那些位居要职的人聊天，声称自己将来一定会成为工厂里的主管。与此同时，他还经常找厂长，希望厂长快点给他调动工作岗位，保罗的野心太明显了。

与保罗相反的是，卡特在工作中兢兢业业，他抛弃了大学生一定要体面工作的雄心，完全将自己当作一名清洁工。当然，他并非没有雄心，只是雄心小些罢了，他只希望通过自己的努力，成为后勤部的领导，再成为一名技工，然后再做一名优秀的技工。于是，卡特在自己的工作岗位上踏踏实实地工作，每天把办公室、车间都打扫得干干净净。这种勤勤恳恳、任劳任怨的表现给厂长留下了很好的印象。半年后，厂长就安排他给一位高级技工当学徒。

由于，卡特有大学的知识基础，加上他勤奋好学，一年后，他就成为了一名技工。卡特在技工的岗位上仍然保持一贯的工作作风，就这样一年后，卡特成为了厂长助理，而此时拥有大野心的保罗依然做着清洁工作，不久后他也不得不辞职。

同是一个学校出来的学生，发展情况却有天壤之别，这主要是因为保罗起步失败，而卡特在跑好龙套的时候，也为自己修好了跑道。

小张和小王同时进入了一家房地产销售公司，刚进公司不久，小张就积极主动地学习公司的业务，了解业务流程，与客户沟通的技巧，而且还不定时地参加公司的培训。小张的业务水平一直得到不断地提高，在几个月的不断努力下，从最初的一个月没有业绩，猛排到了公司销售业绩的前三名，成为了公司那一季度的销售明星。

而小王进入公司，怕这怕那，在工作中总是推脱责任，领导说一句跳一步，干什么都觉得没劲，所以不到两月还没转正，就被公司辞退了。

要想成就一番大事业，需要有一个漫长的过程，无疑也需要从小事做起。要想出人头地，成为比别人更高一筹的人，最为重要的就是要能够从小事做起，做他人不愿意做，做别人认为最低下、最卑微的事情。千万不能眼高手低，做好每一件小事是你赢得成功道路的一大步。

> **【低头生气，不如抬头争气】**
>
> 西方有句名言："罗马不是一天建成的。"世界上再难的事情，再宏大的工程都是从一件件小事情做起的，要想成功，先跑好"龙套"，修好"跑道"，最终才能成为主角。

3. 生气就能解决问题吗

不是伤心就能挽回局面，不是生气就能解决问题。一个心平气和的人，必定是个"得固不喜，失亦不忧"的逍遥人；必定是个"胸中无半点物欲，眼前自有空明"的淡泊的人；必定是个"万虑都捐，百福自集"的有福人；必定是个"和气致祥，喜神聚瑞"的快乐人；也必定是"天生我材必有用，千金散去还复来"的成功人。

有句谚语："神欲使之灭亡，必先使之疯狂。"不以物喜，不以已悲。我们要掌控自己的情绪，做情绪的主人，而不要成为情绪的奴隶。凡事如果一味地生气、愤怒，对解决问题不仅没有丝毫帮助，反而会让自己气上加气。

一位挥汗如雨在逆流中划船的年轻人，正精疲力竭地把自己的货物运到上游的一个村子里去。

当天天很热，他也非常着急，只想在天黑之前，能将船上的货物送到村子。他拼命地划着船，突然他抬头看到前面一艘驳船正在快速地向自己的船冲过来。看来这艘驳船好像下定决心一定要把这位年轻人的小船撞沉。年轻人拼命划船，想让驳船给自己让路，可似乎根本没用。

于是，他扯开嗓子大叫道："赶快掉头，你这个笨蛋！你要撞到我了。"可船上没有任何回声。只听"砰"的一声巨响，那驳船还是狠狠地撞上了那个年轻人的船，船上的东西受到震动，纷纷落水了。等年轻人回过神儿来，他非常生气，于是冲着驳船骂道："你这个白痴！这么宽的河，你居然在河中间撞上了我的船！你赔我东西。"

可当他仔细一看，却发现那船上根本没有人。原来船是从上游码头漂过来的，而年轻人却一直在冲着一艘空船生气。

生活中，遇到一些不开心的事情，要试着学会微笑，试着学会忍耐，并试着学会改变，而不要一味地去生气。生气是拿别人的错误惩罚自己而已，人生最厉害的不是如何"争一口气"，而是要把这口气"吞下去"，而且还要把它"消化"掉！

人与人之间的相处，难免不磕磕碰碰，切忌冲动，发火并非解决问题的方法，相反，还会使问题变得更糟。

一天，法师正准备关门出去，不料，迎面闯进一位彪形大汉，只听得"砰"的一声，刚巧撞在了法师的眼镜上，眼镜戳青了法师的眼皮,然后掉在地上,镜片摔得粉碎。此时,那位壮汉毫无愧疚之色,反而理直气壮地说:"谁叫你戴眼镜?"

法师此时心想:世间多由因缘而生,唯以慈悲待之。因此便以欢喜豁达的心胸来接受这项事宜。

壮汉见法师以微笑回报他的无理,颇感惊讶地问:"你,为什么不生气呢?"

法师十分镇定地说道:"为什么要生气呢?生气又不能让破碎的眼镜复原,又不能使脸上的瘀青立即消失,解除痛苦,而生气只会夸大事情,如果我生气,你便会对我破口大骂,或是打斗动粗,必定伤害了身体,却并不能把事情化解。以世间因缘来看这件事情,我或者早一分钟,或者迟一分钟开门,都可以避免相撞,然而我们却偏偏在那个时间撞到了一起,或许这就是你我的缘分。"

壮汉听后十分感动,若有所悟地离开了。

有些人当逆境当头时,往往以嗔恚、愤怒相向,殊不知"生气是不能解决问题的"。法师以欢喜心接受那次相撞的横逆,不但化解了冲突,并且点醒了那个莽汉。

【低头生气,不如抬头争气】

能忍者,善养浩然正气,因此不卑不亢;无力者,总是垂头丧气,所以精神涣散。君子者,谦下处众,因此所到之处,都是一团和气;小人者,仗势欺人,所以身置何地,均为乌烟瘴气。有为者,虽泰山崩于前,仍气定神闲,面不改色;无能者,遇小事临身,就气急败坏,惊惶失措。乐观者,英气焕发,人见人喜;易怒者,杀气腾腾,人见人畏。"生气不能解决问题",因为气一发出,心中的力量也就随之瓦解。遇到问题,我们所要做的就是以"养气"代替"怨气",以"和气"代替"意气"。

4. 感谢你，"折磨"我的人

感谢绊倒你的人，因为他磨炼了你的心；感谢欺骗你的人，因为他让你有了慧眼；感谢鞭打你的人，因为他激发了你的斗志；感谢中伤你的人，因为他砥砺了你的人格；感谢遗弃你的人，因为他教导了你该独立；感谢折磨你的人，因为他助长了你的成长。

感谢"折磨"你的人，因为他提醒了你的缺点，使你成为翱翔于大海上的海燕，顶风冒雨，勇往直前；感谢"折磨"你的人，因为他提醒了你的不足，使你突破一个又一个瓶颈，快速成长起来；感谢"折磨"你的人，因为他提醒你应该坚强，如何才能走好前方的路；感谢"折磨"你的人，这不是一种悲观，也不是一种退缩，恰恰相反，这是一种成熟。从那些反对你，指责你，"折磨"你，或站在路上阻拦你的人那里，你也许会学到更多。

在康熙60岁大寿时，举行了一场盛大的"千叟宴"。在千叟宴即将结束时，康熙拿出老祖宗留下的大铜碗，装了满满三大碗酒。第一碗酒，康熙敬孝庄皇太后，感谢她帮助自己登上了帝位，并辅助他成为一位好君王。第二碗酒，康熙敬天下臣民，感谢他们为江山社稷所作出的贡献。当他端起第三碗酒时，众人屏息以待，想知道康熙要敬的第三个恩人是谁。然而，康熙的举动让所有在场人员无不震惊。只见，他缓缓地说："第三碗酒，我要敬给朕的那些死敌们。鳌拜、郑经、吴三桂、噶尔丹，还有朱三太子，他们都是英雄豪杰。他们逼着朕立下了丰功伟绩，朕恨他们，但也敬他们，是他们造就了朕。"

英国作家奥斯卡·王尔德曾经写道："世上只有一件是比遭人折

磨还糟糕，那就是从来不曾被人折磨过。"真正激励一个人不断成功的，不是鲜花和掌声，不是亲朋的赞美，而是那些可以置人于绝路的打击和挫折，以及那些一直想把你打败的对手和虎视眈眈的同行。

在北方辽阔的大草原上，有一群狼，经常到一个牧民家中叼羊。牧场主用了整整一个冬季，请猎手围猎狼群，隐患总算解除了。可是没过多久，羊群开始流行瘟疫，羊大批地死掉，比遭受狼患的损失还大。于是，牧场主请来医生，给羊群进行防疫治病。

但是，不知道为什么，疫病还是不断地发生，牧民损失惨重。没办法，牧场主只得请来几位专家会诊，而专家的结论却是去找几只狼来，放到附近的山里去。原来，狼先前的光临，对羊群有着天然的"优生优育"的作用，狼的骚扰，会使羊群常常受惊而奔跑，羊儿也因此格外健壮。

这样的一个故事，发人深省。在生物链中，狼是羊的天敌，但如果没有狼这个"对手"的存在，羊就要面临疾病的灾难。通过这个故事，告诉我们缺少对手的威胁，自身免疫力就会下降，从而不打自灭。无论是在工作还是在生活中，如果没有"折磨"我们的人，我们又怎样能提高"免疫力"呢？

人生在世，总要经受很多折磨，承受各种苦难。其实换一种眼光看世界，这些折磨对人生并不是消极的，反而是一种促进人成长的积极因素。印度诗人泰戈尔曾说："越是有人责备我，我就越坚强；越是面对刻薄的人，我就越懂得宽容。"当别人处处针对我们时，我们应该学着去包容，"把宽容留给折磨你最深的人，把属于自己的胜利默默藏在心里"，这是一种高明，一种真正驰骋职场、拥有幸福人生的大智慧！

【低头生气，不如抬头争气】

感谢你，让我不舒服的人；感谢你，反对我的人；感谢你，"折磨"我的人，正是你们让我成长、成熟、成功！

5. 以"轻视"为动力，以成绩做实力

有句谚语说："有多嘲讽，我就有多成功。"然而嘲讽却是难以忍受的，有人在嘲讽中变得平庸，也有人在嘲讽中积蓄力量；有人经不住嘲讽终于放弃追求，也有人在嘲讽中坚守最初的理想。然而，那所有的丰碑、所有的业绩，正是诞生在嘲讽之中。

海明威在《老人与海》里说过这样一句话："英雄可以被摧毁，但不能被击败。"日常生活中，我们难免会遇到别人的轻视、嘲讽。只有弱者才会喋喋不休地抱怨，或者表现出自己的愤怒，抑或是产生自卑的心理，让自己萎靡不振；而强者却不会这样，他们会将别人的轻视变为一种激励自己的动力，时刻鞭策自己，磨砺自己，最终证明自己的价值。

索菲亚·罗兰是意大利著名的演员，她一生共拍过六十多部影片，演技可谓是炉火纯青，但是观众对她的评价却是褒贬不一的。

索菲亚·罗兰在很小的时候就怀着演员梦只身来到罗马。一开始，她的从艺之路非常坎坷，因为她个子太高，臀部太宽，鼻子太长，嘴太大，下巴太小，根本不像一般的电影演员。虽然制片商卡洛看中了她，带她去试了好几次镜头，但摄影师并不满意。

于是有人告诉她，如果真的想干这行，就得把鼻子和臀部"动一动"，甚至很多人为此嘲笑她，长成这样，也想当电影明星，那简直

就是在做梦。然而，自有主见的索菲亚·罗兰并没有放弃自己的演员梦，她说："我为什么非要长得和别人一样呢？我知道，鼻子是脸庞的中心，它赋予脸庞以性格，我就喜欢我的鼻子和脸保持它的原状。至于我的臀部，那是我的一部分，我只想保持我现在的样子。"她坚信，要想登上演艺高峰，绝不是靠外貌，而是凭借自己内在的气质和精湛的演技。

索菲亚没有因别人的质疑、嘲笑的目光而停止自己奋斗的脚步。经过自己的努力，最终她成功了，那些有关她"鼻子长，嘴巴大，臀部宽"等议论都"自息"了，这些特征反而成了美女的标致。索菲亚·罗兰在 20 世纪末，被评为这个世纪的"最美丽的女性"之一。

索菲亚·罗兰面对别人的轻视、讽刺时，没有抱怨，没有愤怒，更没有退缩，而是以自己的实际行动证明自己可以成为一名伟大的电影明星，实现自己梦寐以求的梦想。假如索菲亚·罗兰没有坚强的意志和充足的自信，她不可能消除别人对自己的歧视而成为"最美丽的女性"之一。

永远不要因为他人的一句赞美或者标准而否定自己的样子，对自己做出改变。其实，别人对自己的嘲讽、蔑视并没有想象中那么可怕，关键是自己不能轻视自己，而要有一种敢于拼搏、敢于吃苦的精神。那么，别人那些蔑视的目光就不会让我们产生心理负担，还可能转化为我们前进的动力。

沈从文，现代著名作家。他是文学界唯一一个没有文凭的教授。当时，由于家境贫寒，再加上没有受过正规的大学教育，沈从文在中国文化界并不被人看好，甚至有人还抱着一种看笑话的心态来对待他，对他极尽挖苦之能事。

当年，著名国学大师刘文典就曾经当面奚落他说："在西南联合大学里面，陈寅恪是真教授，他应该拿 400 块月薪，我刘文典应该拿 40 块月薪，那个写新诗的朱自清最多也拿四块月薪，你沈从文嘛，我看连四毛都不值！"

面对同行的轻视、嘲讽，沈从文不以为意，依然把全部精力放在对白话文的研究和新小说的写作上。经过几年的努力，沈从文终于创造出了自己独特的风格，开始在文坛上崭露头角，并最终成为了一代文学大师。

回顾历史，几乎所有取得一番成就的人都遭遇过外界的诽谤和嘲笑。但是他们永远以镇定的态度，以微笑来面对嘲笑、讽刺，并且将嘲讽、轻视作为自己迈向更高一层台阶的动力和机会。

> **【低头生气，不如抬头争气】**
>
> 有时，对付嘲讽、轻视，我们不能躲闪，也不能害怕，我们应该迎头痛击，对手反而能被你所折服。我们不妨把别人的嘲讽、轻视当作是别人帮我们认识缺点、改正缺点的善举；把嘲讽、轻视当作是一种完善自我的动力，这是我们每个人都应该持有的人生态度。

6. 把你的愿望保持十年

"十年后你会怎样？"很少有人会这样问自己。但是无论如何，你应该知道十年后的生活是自己现在规划的，今后的生活是自己今天的选择决定的，把你的愿望保持十年，你定有所收获。

生命在时间的长河里不断地延展，有的人活得精彩，有的人则活得无奈，造成这一差别的原因很大程度上取决于你是否坚持最初的梦想、最开始的规划。

曾经有人对世界上一万个不同种族、年龄与性别的人进行过一次关于人生目标对他们影响的调查。

调查的对象是一群智力、学历、环境等条件差不多的年轻人。调查结果发现：27％的人没有规划目标；60％的人规划的目标模糊；10％的人有清晰但比较短期的目标规划；3％的人有清晰且长期的目标规划。

十年之后，对上述调查对象再一次进行跟踪调查，结果令人吃惊：那些3％的人，十年间始终朝着同一个方向不懈地努力，几乎都成了社会各界的顶尖成功人士，其中不乏行业的领袖和社会精英；那些10％的人，在短期目标的激励下，都成为了各个领域的专业人士，大都生活得很平常；那些60％的人，他们过着普通安稳的日子，没做出什么成绩，几乎都生活得很平常；剩下的27％的人，因为没有规划，就得过且过，经常抱怨他人，抱怨社会，抱怨世界。

原来，杰出人士与平庸之辈最根本的差别，并不在于良好的教育背景和先天的环境条件上，而在于他们是否坚持自己的梦想！

【低头生气，不如抬头争气】

"十年后我会怎样？"提前为自己的人生做好规划，便坚持自己的梦想，才不会造成十年后自己的恐慌，20年后自己的挣扎，甚至一辈子的平庸、痛苦。

7."放弃"，是为了更好地坚持

放弃一棵树，你会得到整个森林；放弃一滴水，你就拥有整个大海；放弃一片洼地，你就会占领一座高山！放弃不是怯懦，不是自卑，也不是自暴自弃，放弃是为了更好地坚持！

坚持，可以让你笑到最后。放弃，可以让你有更好的选择。放弃是一种修养。放弃和坚持并不矛盾，成熟的放弃，是为了下一步更好地坚持。懂得生活的人，懂得坚持也懂得放弃。真正能感悟生活的人，懂得人生是有得有失，有舍有得的，而且它们之间是可以相互转化的。许多成功者在坚持与放弃之间，有时选择放弃比选择坚持更显得重要。

放弃同样是一种选择，放弃并不是自己无能，而是因为有了更好的选择；有时候，放弃比坚持还需要勇气。

俄国伟大的文学家托尔斯泰的小说中有这样一个经典的故事：

有一个人，他十分贪心。有一天，当地的地主为了奖励当地的农民决定送给他们一些地。这个人听说了这事，就来到地主的家中，要求地主给他一块地。地主就对他说："你从日出走到日落，然后再回到起点，一天能走多少的土地，那么，那片土地就是你的。"

这个人想得到更多的土地，于是就拼命地奔跑，因为绕了很大的圈子想在日落时赶回，他只有拼了命地奔跑。但还没等他跑到原地，就已经心力交瘁，倒地而死了。

最终，作者在小说的结尾这样写道："为了一身外之物永不满足，而拼上了老命，自己最终所得的不过是容纳一口棺材的坟地罢了，为了一口棺材的土地而拼命地争土地，值得吗?"

这个故事告诫我们：人要学会放弃。放弃，不是噩梦方醒，不是六月飞雪，也不是逃避，更不是偃旗息鼓，甘拜下风，而是在发现了对与错、真与伪、善与恶、美与丑之后做出的一种选择。有些事情放弃了并不等于失去，当你放弃了对梦的追求，回归现实，你会发现那美好的一天正等待着你，并为你敞开了一扇通往未来的大门。

【低头生气，不如抬头争气】

人生是一个过程，是一个不断放弃，又不断坚持的过程。坚持固然可喜，放弃也未尝可悲。因为放弃，也是为了更好地坚持。

第八章

发现你的优势，
创造辉煌人生

　　每个人都想成就一番事业，然而在这之前，你必须认识自己，认清自己，发现自身的优势，然后进行自我修炼，提升自我，为迎接明天的辉煌做最充足的准备。

1. 认识自己、认清自己

小草认识自己，所以甘愿弱小，在树荫下装点大地；鲜花认识自己，所以它情愿娇嫩，在枝头释放美丽；雨露认识自己，所以情愿放弃高高在上的位置，在土壤中滋润万物。

有人问泰勒斯："什么是最困难的事?"

他回答道："认识你自己。"

人们又问："什么是最容易的事?"

他回答："给别人提建议。"

"认识你自己。"这是刻在希腊圣城德尔斐圣殿上的著名箴言，犹如一把千年不熄的火炬，表达了人类与生俱来的内在要求和至高无上的思考命题。卢梭称这一碑铭"比伦理学家们的一切巨著都更为重要，更为深奥"。显然，正视自己是至关重要的，而现实生活中，能正确地认识自己是很不容易做到的。

一位登山队员，参加攀登珠穆朗玛峰活动时，因为体力不支，在登到 8000 米高度时，便停了下来。后来他向人讲起这件事，人们都替他惋惜，为什么不坚持下去? 为什么不再攀高一点? 为什么不咬紧牙关?

"不，"登山队员坚定地说，"我自己最清楚，8000 米是我能攀登的最高点，我一点也不遗憾。"

另一个故事：

凯勒丰是与苏格拉底相知极深的朋友。有一天，他特意跑到特尔斐神庙，向神请教一个问题：世上到底还有谁比苏格拉底更聪明？

神谕曰：没有谁比苏格拉底更聪明。

凯勒丰高兴地向苏格拉底展示了神谕的内容，可是他从苏格拉底脸上看到的却是茫然和不安。

苏格拉底不认为自己是最聪明、最有智慧的人。于是，苏格拉底要寻找一位智慧和声望超过自己的人，以反证神谕的不成立。

他首先找到一位政治家。政治家以知识渊博自居，和苏格拉底侃侃而谈。苏格拉底从中看清了政治家自以为是其实是无知的真面目。他想，这个人虽然不知道善与美，却自以为无所不知，我却认识到自己的无知，看来我似乎比他聪明一点。

苏格拉底还不满足，依然继续着他的求证。他找到了一位诗人，发现诗人吟诗做赋全是出于天赋，而诗人自以为能诌几句酸诗便可以目空一切。

接下来，苏格拉底又向一位工匠讨教，想不到工匠竟重蹈诗人的覆辙。因一技在手便以为无所不能，这种狂妄反而消弭了他所固有的智慧之光。

最终，苏格拉底悟出了神谕：神并非说苏格拉底最有智慧，而是以此警醒世人——你们之中，唯有苏格拉底这样的人最有智慧，因为他自知其无知。

人世匆匆，自以为是的人大有人在。有几人能像苏格拉底那样虔诚地求证自己的无知呢？

卡耐基曾说："我们要牢固树立自信意识和成功心理，仅仅出于良好的愿望是不够的。指望某件事情成功也是靠不住的。最可靠的基础是认识自我，只有自己对自己了解，才知道你能做到什么，为做好自己要做的事情而去找到自信，那么你的成功也就更加成竹在胸了。"认识自己，是走向成功的第一步，是发展自己智力走向理性的基础；

认识自己，是人认识世界的前提条件；认识自己，才能不断完善自己、充实自己，走向成熟；认识自己，便打开了通往外部世界的大门。

莱布尼兹说："世界上没有两片相同的树叶。"人一生下来就是独特的，与众不同的。人在大千世界中只有正确认识自己，才能找准位置，书写属于自己的辉煌。

> **【低头生气，不如抬头争气】**
>
> 在生命的旅途上，"认识自我"是生活中永存的难题。只要我们正确认识自己，找准自己的位置，就能创造人生的辉煌。

2. "缺点"有时也是优势

人们常常跌倒在自己的优势上，而"缺点"有时候也会成为一个人最大的优势。自己有缺陷的地方，只要你合理利用，反而可以取得更大的成功。

每个人都有自己的缺点，完美的人在这个世界上是根本不存在的。但我们往往都比较讨厌缺点，甚至有人根本就接受不了自己的缺点。其实，这样完全是自寻苦恼。一个人的缺点往往也是他的特点，缺点往往是他人最容易记住的。

微软在创业初期，比尔·盖茨想招一名女秘书，经过几轮招聘考核后，他的助理为他送来了几位过关人选的应聘资料。在这些应聘资料中，有不少写着自己年轻，大学学历，精力充沛，有着多年从事秘书的经验。可是只有一位与众不同，这种不同不是夸自己的优点，而是写着自己的许多"缺点"：已经42岁了，是四个孩子的母亲，从事过文秘工作，但老板认为不适合，又从事过档案管理和会计员等不少后勤工作。但这些工作都做得不长，后来一直在家里操持家务。对这份应聘资料时，她自己也没有抱多大的希望。招聘考核负责人也不打算把她的招聘资料给比尔·盖茨看。

可是比尔·盖茨看到许多写着自己优点的应聘资料时，却大皱眉头，失望地责问招聘考核负责人："难道就没有比她们更合适的人选了？"招聘考核负责人实在拿不出其他人的资料，没办法，抱着试试看的心理，把这位写着自己"缺点"的应聘资料拿给比尔·盖茨看。当比尔·盖茨一看到这份应聘资料，眼睛一亮，说了句"就是她了"。

助理们都感到很惊讶，为什么要选择这样一个没有优点的人呢？原来，盖茨从这名女秘书的"缺点"上找到了自己公司最需要的东西。公司在创业初期，百废待兴，各种事情等着盖茨去做，内务、管理方面的杂事正是盖茨所欠缺的，42岁，这种年龄有稳定性，多年在家操持家务，说明有内务、管理方面的经验，是四个孩子的母亲，自然会有家庭观念，这种家庭观念也会带到微软公司中来。

事实证明，比尔·盖茨的决定是正确的。应聘后的这位女秘书对公司的每个员工、每份工作都有一份很深的感情。很自然，她成了微软公司的后勤总管，负责发放工资、记账、接订单、采购、打印文件等工作，这引得周围好多人的美慕。正是这位女秘书这些"缺点"的优势，给微软公司带来了凝聚力。随着微软帝国的建立，盖茨从这名女秘书那里得到了信赖，这名女秘书则从盖茨那里得到了尊重，也获得了个人职业生涯的巨大成功。当微软公司决定迁往西雅图，女秘书因为丈夫在亚帕克基有自己的事业不能走时，盖茨对她依依不舍，留恋不已。临别时盖茨握住她的手动情地说："微软公司为你留着空位，随时欢迎你来！"这位女秘书名字叫露金。

三年后的一个冬夜，西雅图浓雾持久不散，因缺乏得力助手而心情郁闷的盖茨坐在办公室里发愁。这时，一个熟悉的嗓音伴随着一个熟悉的身影来到了他的跟前，"我回来了。"这个人不是别人，正是露金，她为了微软公司，说服了丈夫举家迁到了西雅图，继续为公司的腾飞效力。

从这个故事中我们可以得出一些启迪，那就是"缺点"有时候并不是成功的障碍，因为很多时候，优点和缺点并不是绝对的，它们之间是可以相互转化的。我们在求职、交友、工作中多暴露一些自己真实的"缺点"，也许正是在展示别人所没有的优点，这时，往往就可能离成功更近了一步。

其实，这个世界上的任何事物从不同角度去看都会得出不同的结果，包括我们自己，很多时候，我们都认为自己满是缺陷，却不知道换个角度来看自己。只要你换个角度，那些所谓的缺陷也可能会变成优势。

在一次车祸中，一个十几岁的小男孩失去了左臂。后来，父母送他到一所体育学校去学习柔道。在学习的过程中，他非常认真，不过令他不解的是，几个月过去了，老师却只是重复地教他一个动作。

有一天，他实在忍不住了就问老师："你能不能再多教几个动作给我？"

老师回答说："你只要把这个动作学好就可以了。"

虽然男孩并不明白老师的用意，不过他一直相信老师的话，继续努力学习。几个月过去了，老师决定带他去参加一个段位鉴定比赛。在比赛中，他很熟练地运用老师所教的动作，过关斩将，一直到了决赛。虽然对手个个都十分强悍，但是在经过一番苦战后，他最终取得了胜利。回家的路上，男孩问老师："为什么只用老师所教的一个动作，我就能赢得这场比赛呢？"

老师告诉他说："有两个原因：一、我教你的招式是柔道里最难的一个动作，你很精通；二、对手想要破解这个招式则只有一个动作，一定要抓住你的左手。"

其实，在日常的工作和生活中，你有优势固然是好，但你有了缺陷，也不要气馁，我们应该承认自己的缺点和不足，并且努力去改变它。我们一定要清醒地认识自己，自己有了优势，我们更要谨慎，因为你自己的优势，可能使你放松自己，可能使你做事情欠缺考虑，很可能你就倒在了自己的这个优势上；如果自己有了缺陷，你也不要自暴自弃，因为你的这个缺陷，也许就是你的优势，反而成了别人战胜你的弱势，从这里来讲，缺陷就是优势！

从前有一个国王，生了七个漂亮的女儿，她们称得上是本国的七大美人。国王呢，每天看着这七位漂亮的公主，心里别提有多美了。要知道，她们不仅模样儿俊俏，就连她们那一头乌黑亮丽的头发也让许多人着迷，远近皆知，因此国王还给她们每人准备了 100 个漂亮的发夹，而她们也对这些发夹爱不释手。

有一天早上，大公主早早醒来了，一如往常地坐在梳妆台前，用发夹整理她的头发，突然间她发现自己少了一个发夹，于是她偷偷溜到二公主的房间，从她那里拿走了一个发夹。等到二公主梳妆时，发现自己少了一个发夹，便偷偷到三公主房里拿走一个发夹。接着三公主也发现少了一个发夹，也去四公主房间拿走了她的一个发夹。四公主又如法炮制地拿走了五公主的发夹。五公主也毫不客气地拿走了六公主的发夹。六公主又只好拿走七公主的发夹。到最后，七公主的发夹就缺了一个，成了九十九个。

过了几天，不知道因为什么事，邻国王子忽然来到皇宫，这个王子英俊潇洒，只跟这七位公主有过一面之缘，她们就认定他就是心目中的白马王子。

王子告诉国王说："昨天，我养的百灵鸟在皇宫叼回一个发夹，我想这一定是哪位公主的，或许这真是一种奇妙的缘分，不知道是哪位公主掉了发夹呢?"

很快，公主们听说了这件事，都在心里说："是我掉的，是我掉的。"可是自己头上却完整地别着 100 个发夹，她们一个个为此事懊恼不已，但却又说不出口。

这时候，只有七公主走出来说："是我掉了一个发夹。"话刚说完，一头漂亮的长发因为少了一个发夹，全部披散了下来，王子不由得看呆了。

后来，王子再次到皇宫，请求国王把七公主赐予他，从此王子与公主成了一对幸福的恋人，在一起过着幸福快乐的日子。

月亮正因为有阴晴圆缺，才使人不感到乏味；维纳斯正因为缺少了两只胳膊，才有了跨越时空的魅力。换个角度，有时缺点也是优势。

【低头生气，不如抬头争气】
　　缺点有时候也可以拯救一个人，而优点往往也会使一个人毙命。

3. 换个角度，人生大不同

换个角度来看风景，风景便会有不一样的风采；换个角度看世界，沿途的风姿大不相同。而换个角度看人生，那更会有不同的景致。

观察事物的角度不同，得出的结果往往都是不同的。当已经习惯一个角度去观察事物的你，假若换个角度去看待事物，你便会意外地发现一些自己之前一直没有注意到的东西。因为这个意外发现，你会感到很惊喜。在生活中，或许不少人都有过这样的经历。

有这样一则故事：

一场暴风雨过后，成千上万条鱼被卷到了海滩，一个小男孩却将这些鱼捡起来送到大海里，而且不厌其烦地捡着。一位过路的路人看到以后，感觉非常好奇，便对他说："这么多的鱼，你怎么捡得过来呢？再说了即便你把它们送回到海里，它们也不一定能活。"

小男孩一边捡一边回答道："最起码被我捡回海里的鱼，暂时得到了新的生命。"

路人听完了男孩的回答，一时语塞。

虽是同样的情况，然而不同的角度，就会看到不同的风景。

在现实生活中，许多事情多个角度或者换个角度，你就会有新的发现；换个角度看问题，很可能你的思考能更加全面，哪怕只是略微地妥协、略微地改变，或许就能柳暗花明。

有一个单身男士，年过 50 岁才结婚，新娘是一位半老徐娘，风韵犹存。两个人婚后的小日子过得十分甜蜜、幸福美满。但是，他的一些朋友经常在别人面前说他老婆的坏话，说她这也不好，那也不好，说她以前是个演员，生活作风有问题，还嫁了两次，都离婚了，现在由他捡到了这个破烂货。

很快，这话传到了男士的耳中，他并没有生气，他指着他这个朋友的破车说："我觉得旧车没有什么不好，就像我的太太一样，虽然嫁过两次人，但也在演艺圈混了二十几年，在外面见识过大场面了，现在她老了，收心了，也没有以前的娇气和浮华了，又会做家务，又会理财，大概是我运气比较好吧，她最完美的时候让我赶上了。"

其实，生活就是这样，无论你处于什么样的境地，只要你学会多角度地看问题，你就会发现你已经打开了心灵的另一扇窗户。你还会发现，人生其实是很美好的，你所遭遇的那些根本算不了什么。

夏天的一个傍晚，有一位美丽的少妇投河自尽，被正在河中划船的老船夫救起。老船夫问她："你还这么年轻，为何要自寻短见呢？""我结婚才刚刚两年，我的丈夫就遗弃了我，接着我唯一的孩子又患病而死了，我唯一的希望都没有了，您说我活着还有什么意思呢？"船夫听了，沉默了一会儿说："两年前，你的每一天是怎样度过的？"少妇有点得意地说："那时的我，整天自由自在，无忧无虑，每天都过得很开心。""那时你有丈夫和孩子吗？""没有，那时候我还没有结婚。""那就是说，你只不过是被命运之船送回到两年前去了，现在你又可以自由自在、无忧无虑了。所以请上岸去吧……"话音刚落，少妇恍如做了一个梦，她揉了揉眼睛，又想了想，便上岸走了。从那以后，她再也没有寻过短见。

故事中的这个漂亮少妇，之所以回心转意，是因为她从另一个角度看自己，从而看到了一种生的曙光，也感受到了自由自在的美好。其实很多时候，我们所有的苦难与烦恼都来自于自己，是自己做出的错误判断让自己陷于困苦之中。这时，我们不妨跳出来，换个角度看自己，就不会为职场挫败、情场失意而颓废；也不会为名利加身、赞誉四起而得意忘形。

对待人生若用减法，那么处处充满悲观，处处充满危机，充满压力：20 岁的人，失去了童年；30 岁的人，失去了浪漫；40 岁的人，失去了青春；50 岁的人，失去了理想；60 岁的人，失去了健康；70 岁的人，失去了盼头。若用加法思考人生，那么处处都充满了希望，充满了生机，充满了快乐：20 岁的人，拥有了青春；30 岁的人，拥有了才干；40 岁的人，拥有了成熟；50 岁的人，拥有了经验；60 岁的人，拥有了彻悟；70 岁的人，拥有了财富。

人生之路就是一条曲折之路，当被绊倒时，当人生的理想和追求不能实现时，当窗外的风景不入眼时，我们不妨换一个角度看风景、看生活。当我们打开心灵的另一扇窗时，换个角度看风景，也许是另一番味道。

> **【低头生气，不如抬头争气】**
>
> 世间并不缺少美，缺少的只是欣赏美的眼睛。任何事情都具有美的一面，只要你变换个角度，我们便不会错过欣赏美的机会。

4. 及时弥补生命的"短板"

人的一生充满了各种各样的短板，我们只有通过不断地改造升华，才能给自己的人生交上一张满意的答卷。

有一个规律叫"短板效应"，说的是：

盛水的木桶是由许多的木块组成的，盛水量也是由这些木块共同决定的。一个木桶要想盛满水，必须每块木板长短一致且无破损。如果其中一块木块很短，则此木桶的盛水量就被最短的那块木块所限制，又或是其中一块受损，那么水也无法盛满。也就是说，一个水桶能盛多少水，并不取决于最长的那块，而是取决于那块最短的木块或是那块破损的木块。若想木桶的盛水量增加，只有彻底地换掉短板，或将短板加长，或是将破损的木块补齐才可以。

"短板"限制事物向更高的层次发展；"短板"切断你前进的道路；"短板"阻碍你交际；"短板"是失败的根源，是成功的终结。它让你陷入混乱、痛苦或者是迷茫，甚至导致你的人生走向毁灭。

老虎被称为"兽中之王"，而狗熊也是最凶猛的肉食类动物之一，它们在森林中可谓是八面威风，横行无阻。

然而，它们再怎么让人闻风丧胆，自身却都有着致命的短板。对于老虎而言，一只山雀的一粒小小的粪便如果沾上老虎皮，虎皮便会发生弥漫性的溃烂，最终让有"兽中之王"之称的老虎死于非命。

狗熊虽然凶猛，但它的鼻子却十分脆弱，如果有谁能够对着狗熊的鼻子猛击一下，再大再凶的狗熊也会顿时昏倒在地，完全丧失招架之力。

其实，人也一样。每个人都有自己最致命的"短板"，从而使自己栽了跟头，从而使我们的人生与事业受阻或是一蹶不振，甚至还会在人生的前进过程中导致自己走向毁灭。

所以，在通往成功的过程中，年轻人一定要认清自身的"短板"，是性格、习惯、社交抑或是态度……并及早地进行预防和克服，以免让自己的人生走弯路。

生命"短板"处处存在，但成功不会容忍你的短板，就算你最长的那块板子比谁都长，最短的那块如果没有达标，一样出局。

成功学大师戴尔·卡耐基曾告诉他的学生说："人的生命充满了各种各样的短板，这只是进化途中的一级，我们只有通过不断地改造升华，否则，就不可能完全跨入完美的境界，得到真正的美满幸福。而人的性情是冥顽不化的，为此，这种教育改造是一个必须从身、口、意全方位着手的过程，日本禅学大师铃木大拙说道：'自我改造是一个伴随着血和泪的过程。'"这段话告诉我们，一个人最差的一面会直接影响自己的前程。只有通过预防与克服那些致命的人生"短板"来进行更为深刻彻底的生命内建，通过日常的自我清理、自我教育、自我规范，时刻让自己进行全方位地反省，如此才能够让自己趋向完美，使生命得以升华，给自己的人生交上一张满意的答卷。

> **【低头生气，不如抬头争气】**
>
> 一个人最可怕的就是生命的"短板"，人生的"洪涝灾害"就是从那里开始的。一个人只有通过及时认清并弥补人生的短板才能最终走向成功。

5. 拥有好性格，就有好命运

有什么样的性格就有什么样的选择，好的性格可以拔高你的人生高度。为此，要成就大事，一定要先认清自己，发挥自身的性格优势，准确给自己定位。

性格决定命运，性格主宰人生。性格决定着一个人的交际关系、婚姻选择、生活状态、职业取向以及创业成败，等等，从而基本上决定着一个人的命运。因此，成功与失败无一不与性格有着密切的关联。

曾经，有位记者采访晚年的投资银行一代宗师摩根，记者问："决定你成功的条件是什么？"摩根毫不犹豫地说："性格。"记者又问："资本和资金何者更为重要？"摩根一语中的地答道："资本比资金重要，但最重要的还是性格。"

1998 年，哈佛大学曾经请世界巨富沃伦·巴菲特和盖茨演讲，很多学生都问："如何才能让自己变得比上帝还富有？"巴菲特说："这个问题非常简单，原因不在智商。为什么聪明人会做一些阻碍自己发挥全部功效的事情呢？原因在于习惯、性格和脾气。"而盖茨对这种说法也表示赞同。

尼克松也有类似的观点："对于一个人来说，真正重要的不是他的背景、他的肤色、他的种族或者他的宗教信仰，而是他的性格。"

一个人能否成功的关键不在于受教育程度的高低，也不在于工作经验的丰富与否。一个人能否成功，关键在于能否准确识别并全力发挥其性格优势与天赋。性格是一把能开启你成功之门的钥匙，只有识别和接受自身的性格和天赋，寻找到适合发挥自身性格和天赋的职业，持续地使用它们，并坚持下去，才有可能获得成功。总之，性格决定命运，拥有好性格，就拥有好命运。

性格是一种无形的力量，更是一种资产。只要能扬长避短，选择最适合自己性格特长的事情去做，就一定会成功的。一个人的性格决定了他对各种事物的不同态度，最后得出不同的结果，从而产生不同的人生境遇。

从前，在一个村子里，有兄弟三人准备经商，他们都想预测自己在未来能否发财致富，于是三兄弟找到一个智者，决定向智者求教。

听了他们的来意，智者就问他们："遥远的天竺国有一座金山，如果让你们去寻找，你们会怎么做呢？"

大哥说："我不看中财富，金山不是我的人生目标，我只要一生能平平安安，衣食无忧地活着就够了，我不会前往。"

二弟则拍着胸脯说道："金山价值连城，无论冒多大的风险，我都会将它找出来。"

三弟则愁眉苦脸地说："去天竺的路那么遥远，险象环生，恐怕还没走到金山，我的命就没了。"

听完三兄弟的回答，智者就微笑着说道："你们的未来已经很清楚了。大哥生性淡泊，不看中名利，自然不能获得大财，但是在经商中却会得到很多人的帮助与照顾；二弟性格坚定果断，意志刚强，不惧困难，会前途无量，能干出一番大事业；三弟性格优柔寡断，凡事犹豫不决，命中注定难成大事。"

一种性格决定一种出路，一种性格决定一种人生状态，你的性格直接告诉了你的人生方向、未来的人生高度乃至一生的命运。所以，我们要把握命运的航舵，就要首先清楚自己的性格，这样才能更好地定位自己职业航线的方向，才能更清晰地明白自己的未来，才不至于在潮起潮落的人生航程中触礁遇险。

威廉·詹姆士说："播下一个行动，你将收获一种习惯；播下一种习惯，你将收获一种性格；播下一种性格，你将收获一种命运。"由此看来，性格左右着人的一生。为此，生活或者工作中，我们应发挥自己的性格优势，找准适合自己性格的职业。这既是一条事半功倍的成功捷径，也是一条通向成功的人间正道。不管怎样，你都要往自己性格的优势方向发展。要让自己去选择工作，而不要让工作来选择你自己。

> **【低头生气，不如抬头争气】**
>
> 成也性格，败也性格。好性格成就你的一生，坏性格毁掉你的一生。正如西班牙大文学家塞万提斯所说："每个人的命运都是由自己的性格决定的。"顺应自身的性格，你就能找到成功的道路；逆着自己的性格，你将与成功绝缘。一个人无论是哪一种性格，你都应接受它并发挥自己的天性，才能肩负起上苍所赋予的使命，才能开启通往成功的大门。

6. 穿合适的"鞋子"走路

合脚的鞋子能够使你轻松自如，健步如飞；而不合脚的鞋子只会挤脚。更为可怕的是，它不仅会使你走起路来别扭、难受，甚至还会磨破你的脚。穿着不合脚的鞋子，你可能就会与成功失之交臂，就可能在人生的跑道上与冠军擦肩而过。

电影《大腕》里有一句经典台词："不要最好，只要最贵。"那是精神病院里疯子的道理。实际生活中，估计没人真的会相信。一般来说，人们遵循的还是"有多大脚，就穿多大鞋"的道理。钱钟书老先生也曾经说过"鞋子合不合脚，只有自己最清楚"。

《郑人买履》说的是这样一个故事：

从前，有个郑国人，打算到集市上为自己买双鞋。他在家里先把自己脚的长短量了一下，用枝条折了一个尺子。他匆匆忙忙地赶到集市后，才发现自己将尺子忘在家里了，就对卖鞋的人说："我把鞋子的尺码忘在家里了，等我回家后把尺子拿来再买。"说完，他又急匆匆地往家里赶。可是，等他带着枝条跑回来时，集市已散，他最终没能买到鞋。别人知道后对他说："为什么不用你自己的脚试一下呢？"他固执地说："我宁可相信量好的尺寸，也不相信自己的脚。"

鞋子合不合适只有脚才知道，像郑人宁愿相信"尺寸"也不相信自己脚（的感觉），和看中款式而不顾脚的（实际）大小的人，都是愚蠢的。

刚刚毕业的小琴，性格内向、腼腆，寻找工作时看见周围很多的同学都去做销售，并且都取得了不错的成绩，于是，小琴也打算去做一份销售的工作。由于她不善于与人沟通，又没有团队合作意识，两个月的试用期快到时，她还没拿下一份订单，为此她十分痛苦、沮丧。

离开公司后，她又开始找下一份工作，然而，她是个不服输的姑娘，为了挑战自己的个人能力与性格，她还是决定去做销售工作，于是就到了一家大型化妆品公司从事产品代理工作。

朋友们知道她的职业取向后，都劝她放弃这样的努力，但是不服输的她还是不愿放弃。在工作的后期，她每天出门之前，内心都非常地挣扎，她内心根本不愿意出去面对那些客户，她觉得在公共场合与人交流是一件痛苦的事情。经过一番思想斗争后，她决定放弃了。

有一天，她问朋友说："当初你怎么知道我最终会放弃这样的工作？"

朋友告诉她："你的性格比较内向，根本不适合做这类工作。"

选择与自身不相匹配的职位，不仅不容易做出成绩，还会给自己带来更多的焦急、痛苦和紧张。一种性格决定一种人生出路，你的性格也决定了你该从事哪类行业。生活中，很多人都会从自身利益出发，选择去改变自己的性格，做出"削足适履"的蠢事。

生活、工作中，如果你能够准确地认清自己的性格，并明确在哪种环境下工作才更舒服，更能发挥自己的潜能，然后选择最适合自己的工作或岗位，那么，你一定能够运用你自身的性格优势，取得成就。

【低头生气，不如抬头争气】

鞋子永远都是为脚服务的，不能做出千奇百怪的鞋子，更不要为了鞋子好看，而让脚受委屈，为了脚的"好"，我们应该把功夫下在做出与脚相匹配的鞋子上来。记住：选一双合适的鞋子，才能走更远的路。

7. 别让你的内心"蜗居"

鹰击长空，鱼翔浅底，虎啸深山，驼走大漠，因为不甘于平庸才造就了生命的极致；泰山奇，华山险，黄山绝，峨眉秀，因为敢于尝试才创造了天下奇观。实则，我们每个人都是有无限的潜能的，只要你不甘平庸，勇于尝试，你便书写了属于自己最美好的人生篇章！

国学大师季羡林曾说过这样一句忠告：切忌自我封闭！就是告诉我们，不要将自己囚禁在"自我"的牢笼中，否则，你的心灵会因为看不到外面的阳光而使整个人都变得阴暗起来。

跳蚤堪称世界上跳得最高的昆虫，它有惊人的能力，跳起的高度均在其身高的100倍以上。但是，科学家曾做过这样一个极为有趣的实验：将一只跳蚤放在玻璃杯中，再将其用透明的玻璃盖住。起先，跳蚤不停地奋力往上跳，但是每一次都会撞到玻璃盖。接下来科学家逐渐改变玻璃罩的高度，跳蚤都在碰壁后被动改变自己的高度。经科学家观察，为了不撞到玻璃盖，跳蚤逐渐改变了跳的高度。几天后，科学家再将透明的玻璃盖拿掉，再观察跳蚤的行为，却发现每只跳蚤都还不停地在往上跳，但却不能够跳到玻璃杯外面来，因为它已经习惯了降低自己的高度。

成功的最大障碍就是自我设限。现实生活中，是否有许多人也在过着这样的"跳蚤人生"？常常给自己的心灵设限，前进路上的挫折就仿佛玻璃罩一样，已经罩在了潜意识里，罩在了心灵上，行动的欲望和潜能被自己扼杀，一次受挫就"学乖"了，连"再试一次"的勇气都没有。

　　其实，我们每个人都是一块宝藏，蕴藏着巨大的潜能，等待着我们去挖掘它，千万别让我们的内心"蜗居"。

　　1976 年的一天，德国哥廷根大学，一个很有数学天赋的学生吃完晚饭，开始做导师单独布置给他的每天例行的三道数学题。

　　前两道题在两个小时内顺利完成了。第三道题写在另一张小纸条上：要求只用圆规和一把没有刻度的直尺，画出一个正十七边形。

　　这位学生感到非常吃力，时间一分一秒地过去了，第三道题竟然毫无进展。他绞尽脑汁却发现，自己学过的所有数学知识，似乎对解开这道题没有任何帮助。

　　困难反而激起了他的斗志："我一定要把它做出来。"他拿起圆规和直尺，一边思索，一边在纸上画着，尝试着用一些超常规的思路去寻求答案。

　　当窗外露出曙光时，这位学生长舒了一口气，他终于攻克了这道难题。

　　见到导师后，学生有些内疚和自责。他对导师说："您给我布置的三道题目我竟然做了整整一个通宵，我辜负了您对我的栽培……"

　　导师接过学生的作业一看，当即惊呆了。他用颤抖的声音对学生说："这是你自己做出来的吗？"

　　学生有些疑惑地看着导师，回答道："是我做的。但是，我花了整整一个晚上。"

　　导师请他坐下，取出直尺和圆规，在书桌上铺开纸，让他当着自己的面重现再画一次。很快，学生就画出了一个正十七边形。导师激动地说："你知不知道，你解开了一桩两千多年历史的数学悬案！阿基米德没有解决，牛顿没有解决，你竟然一个晚上就解出来了，你真是一个天才！"

　　原来，导师也一直想解开这道难题。那天，他是因为失误，才将写有这道题目的纸条交给了学生。

每当这位学生回忆起这一幕时，总是说："如果有人告诉我，这是一道有两千多年的数学悬案，那么我永远也没有信心将它解出来。"

这个学生就是"数学王子"高斯。

人生最大的敌人是自己，要解除"自我设限"，关键在于自己。所以，当我们处于人生困境中时，一定不要过于担心自己面对的问题、困难，也别太害怕自己前面的路会困难重重，不要给自我设限，别让我们内心"蜗居"得太久，只要肯想办法去解决，任何困难与问题都会有答案，关键是自己一定要有必胜的信念、勇于尝试的勇气。

> **【低头生气，不如抬头争气】**
>
> 　心有多大，世界就有多大。我们要学着拥有旷达的人生，因为旷达的人生是荒原大漠式的人生，它能接受八面来风，不拘泥小川，不徘徊窄巷，任狂风漫卷、沙走石飞，仍天高地广。

8. 心态决定人生

大雨过后，有两种人：一种是乐观的人，抬头看天，看到的是蔚蓝和美丽的天空；一种是消极的人，低头看地下的淤泥，看到的是绝望和污浊的地面。

生活中，有些人总喜欢说，他们现在的情况都是由所处的环境造成的，环境决定了他们的人生位置。但事实上，他们的情况不是周围的环境造成的。说到底，如何看待人生、把握人生是由我们自己的心态决定的。

维克托·弗兰克，二战期间因为他是犹太人，所以尽管他什么罪都没有，还是被投入了纳粹德国的集中营里。他每天都在积极地思考，用什么样的方法，才能逃生。他请教同室的伙伴，伙伴嘲笑他道："来到这个鬼地方，从来就没有人能活着出去，你想都不要想了，还是老老实实待着，也许能够多活几天。"同伴们都轻蔑地笑了。

可维克托·弗兰克不是这样想的，他想到的是：家有老母妻儿，自己一定要活着出去，家人还要靠他挣钱养活呢。积极的思考终于给他带来了机会。一次，在野外干活，趁着黄昏收工时刻，他钻进了大卡车底下，把衣服脱光，乘人不注意，悄悄地爬到了附近不远处的一堆赤裸的死尸上，全然不顾刺鼻难闻的气味和蚊虫叮咬，一动不动地装死。直到深夜，他确信无人，才爬起来光着身子一口气跑了70公里。他终于脱离了纳粹的魔爪，获得了自由，见到了自己的家人。

这正是，世上没有绝望的处境，只有对处境绝望的人。这位幸存者后来对人们说："在任何特定的环境中，人们还有一种最后的自由，就是选择自己的态度。"

拿破仑·希尔说："积极的心态，就是心灵的健康和营养。这样的心灵，能吸引财富、成功、快乐和身体的健康。消极的心态，却是心灵的疾病和垃圾。这样的心灵，不仅排斥财富、成功、快乐和健康，甚至会夺走生活中已有的一切。"积极的心态是成功的起点，是生命的阳光和雨露，是指导我们去发现美、发现生活意义的眼睛，从而走出桎梏的牢笼；而消极的心态是成功的终结者，是生命的腐蚀剂，选择了消极心态的人注定会陷入失败的沼泽，永远看不到光明。

有一对孪生兄弟，弟弟出奇的乐观，而哥哥却十分悲观。

有一天，他们的父亲欲对兄弟二人进行"性格改造"。于是，父亲把乐观的弟弟锁进了一间堆满马粪的屋子里面，把悲观的哥哥锁进了一间满是漂亮玩具的屋子里。

一个小时后，父亲走进哥哥的那间屋子里，发现他坐在一个角落里，一把鼻涕一把泪地在哭泣。父亲看到哥哥泣不成声，便问："孩子，你怎么不玩那些玩具呢？"

"玩了会坏的。"悲观的哥哥答道。

当父亲走进弟弟的屋子时，发现孩子正在兴奋地用一把小铲子挖着马粪，把散乱的马粪铲得干干净净。看到父亲来了，乐观的弟弟高兴地叫道："爸爸，这里有这么多马粪，附近肯定会有一匹漂亮的小马，我要给它清理出一块干净的地方来。"

人之命运，取决于心态。正如马斯洛所说："心态若改变，态度跟着改变；态度改变，习惯跟着改变；习惯改变，性格跟着改变；性格改变，人生就跟着改变。"面对困境，若能始终保持积极的心态，就能在狂风暴雨中看到美丽的彩虹，在一败涂地中看到美好的未来，最终登上成功的巅峰；但若是持一种消极悲观的心态，心灵被阴霾笼罩，限制了自身潜能的发挥，人生最终会走向灰暗的境地。

【低头生气，不如抬头争气】

　　积极创造人生，消极消耗人生。积极的心态，它是获得财富、成功、幸福和健康的力量，可以让人攀登到人生的顶峰；消极的心态，它剥夺一切使你的生活有意义的东西。消极的结果，是形成被消极环境束缚的人。

9. 给自己准确"定位"

给自己准确定位，坚信自己的选择并不懈地努力，到最后一定能够获得成功。

一个人选择什么样的行业、岗位，首先应该考虑的因素就是自身的性格和兴趣。你只有在充分认识自己性格的基础上，尽量选择那些可以最大限度地利用现有经验，并与自己的个性爱好相吻合的行业，才能拥有一份得心应手的工作，才能够充分发挥自己的知识和技能，从而最大限度地获取人生财富，实现宏大的事业目标。

小东是一所名牌大学毕业的大学生，毕业后，本可以在自家的家族企业中上班，不仅可以获得丰厚的薪资，而且还能获得一个不错的领导职位。指挥"千军万马"是何等的壮观，但是小东并没有为家人开出的条件所动，而是选择了到偏远山村去支教，一个博学多才的大学生，本就应该选择更大的舞台去实现自己的价值。家里人都很不理解，而小东解释说："虽然去农村支教，是艰苦了一点，但是那里照样能实现我的价值，我可以学到很多我在大城市里学不到的东西，何乐而不为呢？"

一个人价值的实现，并不是你一定要赚多少的钱，升多大的职，而最重要的是你在这个岗位上能否实现你自身的价值，能否在这个看似平凡的岗位上，做出一番事业来，这才是最重要的。

在宾夕法尼亚州的一个村子里，有一个卑微的马夫后来成为了美国一位著名的企业家，他叫查理·施瓦布。他成功的秘诀就是：每提升到一个新的职位时，从来不会把薪水和位置放在心上，他注重的是和自己以前从事的职业进行对比，新职位是否有更大的前途，尤其是是否对个人成长有帮助。所以，在任何职位上，他都能够兢兢业业。

其实，施瓦布出生于贫苦的家庭之中，没受过什么正规教育，在他14岁的时候就在山村里赶马车。在17岁时，他谋得了另一个工作，每周只能够获得20美分的报酬。然而，他仍旧留心找其他的发展机会，不久一个工程师来招工，施瓦布就跟着他去了一家钢铁厂做工人，每天都获得一美元的报酬。在做工人的时候，他兢兢业业，曾经自信地说道："终有一天，我会做这家公司的总经理，我一定能做出一番大的成绩来，让老板主动提拔我。我不会过于计较报酬的多少，薪水的高低，只需拼命地工作，使我的工作能力和工作成效远远地超出我的薪水之上。"有了这样的信心，他每天只是抱着乐观的态度，充满信心地努力地投入工作。

果然，没过多久，他就被提升为建筑部门的技师，接着又升任部门的工程师。到了25岁的时候，他就当上了那家房屋建筑公司的总经理。到了40岁时，他擢升为公司的总经理。

富兰克林说："有事可做的人就有了自己的产业，而只有从事天性擅长的职业，才会给自己带来利益和荣誉。站着的农夫要比跪着的贵族高大得多。"现实生活中，很多人迷恋于高职位、高待遇，而不是选择适合自己的职业，这样的人最终会一事无成。

一个人价值的实现，并不一定看他有多高的职位、多大的官衔，是否从事热门的、有"面子"的职业，而重要的是看这个职业能否实现自身的价值。只要是有利于实现自身价值的，同时又是自己熟悉的、喜欢的职业，应该说就是最适合自己的职业，至于别人怎么看并不重要。

【低头生气，不如抬头争气】

定位决定人生，定位也能改变命运。给自己一个明确的定位，使自己稳定下来，这是你事业成功的起点。

10. 每日"自省吾身"，不断更新自我

孔子有言："吾日三省吾身。"这是圣贤的修身养性之道。深刻提醒自己，检省自己的言行。反省是提高自我认识水平进步的动力，是对自我的言行进行客观地评价，认识自我存在的问题，修正偏离的行进航线。

反省，是一种优秀的品质。只有时刻反省的人才能够进步。反省也是一种学习能力的体现，反省的过程是学习的过程，也是改善自己的过程。如果你每天能够不断地反省自己，并努力寻求改正的办法，就能使自己不断地成熟起来，最终走向成功。大凡成功者，都把反省作为前进的重要手段。

在奋斗的道路上，如果我们能够时刻静下心来反省一下自己，又何愁不会进步呢？年轻人，如果你想做出一番大成就，获得成功，就必须在平日里多反省一下自己。客观地反省自己，才能避免犯更多的错误，才能让自己在成功的道路上越走越远。

在广袤无垠的非洲大草原上，生活着羚羊和狮子。一天清晨，羚羊从睡梦中醒来，它想的第一件事就是，我必须比跑得最快的狮子还要快，否则，我就会被消灭。而狮子也同时在想：我必须比跑得最快的羚羊快，否则我会被饿死。

这则寓言告诉我们，人要懂得不断淘汰自己，每天更新自己。年轻人就如同生长在非洲草原上的羚羊，你不想被凶悍的狮子吃掉，你就必须意识到每天面临着威胁；即使你很强大，你也要不断提升自己，否则总有一天会被别人超越。

很久以前，在一片大森林里，生活着一群熊。有一天，这片森林被雷电焚毁了，为了生存它们不得不向外迁徙。其中一部分熊来到了北极，迫于生活，它们逐渐改变了原有的生活习惯，学会了在冰冷的海水中捕食鱼虾，继续繁衍后代，并且身体比以前更结实，性情更凶猛，它们就是现在的北极熊。

而另一部分熊来到了生活条件相对舒适的盆地，可它们发现这里的肉食动物太多太厉害，自己根本无力跟它们竞争。为了避免竞争给它们带来的威胁，它们决定改吃竹叶。由于没有其他动物和它们竞争，渐渐地，它们变得体态臃肿，思维迟钝，这就是现在濒临灭绝，靠人类帮助才免遭灭亡的大熊猫。

在机遇面前人人平等。如果不主动地去竞争，不断去更新，迟早也会是大熊猫一样的遭遇。对于年轻人，面对每年不断的高学历的学弟、学妹们，原地踏步只能是死路一条。不反省不会知道自己的缺点和过失，不悔悟就无从改进。要把反省自己当成每日的功课。

从前，有个部落首领，一次被叛军打败。部下很是不满，要求再一次对叛军进行攻打，但是部落首领却说："不必，我兵比他多，地也比他大，却被他打败了，这一定是我德行不如他，带兵方法不如他的缘故。从今天起，我一定要自我反省，努力改过才是。"

从此，他每天夙兴夜寐，粗衣素食，关心百姓生活、生产，敬贤重士，选拔人才。过了一年，叛军首领知道了，不但不敢来侵犯，反而投降了。

金无赤金，人无完人。人总会有个性上的缺陷、智慧上的不足，而年轻人更是缺乏社会历练，常常会说错话、做错事。反省是砥砺自我人品的最好磨石，它能使你的想象力更敏锐，它能使你真正认识自我。

时代的步伐永不停止，生命的长河奔流不息。新时代是一个高速的信息时代，新旧交替日益加剧。那么作为年轻人，你们也应每天淘汰、更新自己，它会给你丰富的学识、充实的生活、成功的事业。

"人，若是能养成每天读十分钟书的习惯，20 年后，必判若两人。"耶鲁大学的校长海德雷说。若想在这个千变万化的社会中立足，就必须每天注入新鲜的血液，在新时代的浪潮中乘风破浪；每天省察自己，让自己充满正能量，使你在济济人海中崭露头角。

成功学专家罗宾认为："我们不妨在每天结束时好好问问自己下面的问题：今天我到底学到些什么？我有什么样的改进？我是否对所做的一切感到满意？"自我反省是一个自我总结，不断提高自己的过程，从现在起每天省察、更新自己吧！

【低头生气，不如抬头争气】

反省是走向成功的加速器。我们要善于总结，反省自己，认清自己，以正确的态度去面对和正视自身的错误，从而让自己不断走向人生的辉煌。

第九章

快乐不是拥有的多，
而是计较的少

　　人心就像一个容器，装的快乐多了，郁闷自然少了；装的简单多了，纠结自然就少；装的满足多了，痛苦自然就少；装的理解多了，矛盾自然就少；装的宽容多了，仇恨自然就少。

1. 计较得少，快乐得多

之所以心累，是因为常徘徊在坚持和放弃之间，举棋不定；之所以困惑，是因为喜欢消极地看待事物，不能自拔；之所以不快乐，不是拥有的太少，而是奢望的太多。多是负担，是另一种失去；少非不足，是另一种有余。一个人的快乐，不是因为他拥有的多，而是因为他计较的少；一个人的痛苦，不是因为拥有的少，而是因为想要的多。

人生有两大欢乐，一是拥有后细细地品味，二是追求之中备感无比充实。有些人为了享受而苦了一生，有些人为了休息却忙了一生。人们总是在不停地追求美好，却往往错过了当下的美好，要记住：贪婪是最真实的贫穷，满足是最真实的财富！

当我们快乐时，快乐的原因并不是因为我们都拥有了什么，而是减少了一些烦恼和执着；当我们痛苦时，痛苦的原因并不是因为我们缺少了什么，而是增加了一些自私和欲望。

有一个富人乘船来到海边度假。这里住着一位以打鱼为生的渔夫，每天都会按时出海打鱼。一天富人在海边散步的时候恰好碰见渔夫从海中划着一艘小船靠岸。"船上好多大鱼呀！"富人对渔夫的捕鱼技术由衷地感叹。接着就问渔夫："你每天需要花多少时间才能捕到这么多的鱼呢？"

渔夫答道："一会儿工夫就能做到，不需要花费太多的精力。"

富人听完以后，愈加敬佩，笑着说道："那你为什么不再多捕一会儿呢，这样你就可以捕到比这更多的鱼了。"渔夫不以为然，说道：

"这些鱼已经足够我一家人一天的生活了，为什么要捕那么多呢？"

富人接着问道："你每天只花那么少的时间去捕鱼，那其余的时间你如何去打发呢？"渔夫答道："我每天的事情有很多啊，我每天一觉醒来，就驾着船出海捕鱼，然后回家，陪孩子玩玩，再睡个午觉，到黄昏的时候，我会到渡口的村子里找几个朋友一块喝点酒，再一起唱唱歌。这样的日子充满了快乐和幸福。"

富人听后摇了摇头，并且帮他出主意："我已经开了一家公司，现在做得还不错，我给你出一个能让你发大财的主意。你每天多花一点时间捕鱼，然后去卖，攒钱后买一条大一些的渔船，到时候你就可以拥有一个渔船队。你直接把鱼卖给工厂，这样你就可以挣到更多的钱。到时候，你就可以拥有自己的农场了。这样你就可以彻底享受富人的幸福生活了。"

渔夫问："我达到这些目标需要花多少年呢？"

富人说："大概十年到十五年。"

"然后呢？"渔夫接着问。

富人说："然后？然后你就会更有钱，或许会成为百万富翁呢！"

"那么，再然后呢？"

富人说："那你就可以退休了，你可以搬到海边的小渔村去住，享受清新的空气，每天一觉醒来出海抓几条鱼，回去和孩子们玩一玩，然后睡个午觉。黄昏的时候，约几个朋友出去喝点小酒，再唱唱歌。"

渔夫听完，非常疑惑地说："我现在的生活不就是这个样子吗？为什么还要花那么多的时间去折磨自己呢，况且那些都还是没谱的事。"

富人听后无话可说。

快乐是一种心境，无关贪欲。一个浮躁的人，就会失去心灵的安宁，失去做人的快乐。要想做一个快乐的人，要时刻保持一颗平淡的心。不要自鸣得意，学会放慢生活步伐，找回自我，让心灵回归，让内心和谐，便能发现生活处处皆风景。

人生有时就像一条锁链，你挣脱开了，便会轻松顺畅；一旦你计较太多，那么这条锁链就会越来越重，你心中的烦恼也会越来越多。心有杂念，生活就是活坟墓。美好的生活应该是时时拥有一颗平淡的心，能安于真实拥有，超脱得失苦乐，不管外在世界如何变化，自己都能有一片清净的天地。

一位饱经沧桑的哲学家这样说：

"年少的时候，总觉得人生应该像大海一样波澜壮阔，如此才不枉走一生。但经过几十年的风风雨雨之后，才恍然大悟：人生中精彩的事情占5%，痛苦的事也占5%，剩余的90%则全部都是平淡。只可惜，人们往往为了那5%的精彩而整日劳累奔波，为了那5%的痛苦而不停地怨天尤人，却忘记了在这90%的平淡中享受生命的快乐与幸福。"

人生需要爱更需要快乐，但快乐不是拥有的多，而是计较的少。人一生要遇到很多不顺的事，如果你遇事斤斤计较不能坦然面对。或抱怨或生气，最终受伤害的只有你自己。莫生气，不要计较太多，知足常乐。归于平淡、容易满足的人，才会更加快乐、幸福。

人心就像一个容器，装的快乐多了，郁闷自然就少；装的简单多了，纠结自然就少；装的满足多了，痛苦自然就少；装的理解多了，矛盾自然就少；装的宽容多了，仇恨自然就少。请牢记以下五个快乐的小秘诀：

1. 不要心存憎恨；

2. 别让坏情绪毁了你；

3. 简单地生活；

4. 多分享；

5. 少欲求。

【低头生气，不如抬头争气】

"若能转境，则同如来"。生活中，我们之所以不幸福、不快乐，是因为我们内心的欲望太多。我们不断地追求外界的物欲，认为只有拥有更多的财富，才是真正获得幸福、快乐的生活，殊不知，幸福、快乐与财富无关，完全是内心的一种感受。

---

2. 因为简单，所以快乐

生活没有观众，主角就是我们自己。生活毕竟不是在演戏，无须用太多的脂粉去涂抹自己，更无须戴上"面具"去"逢场作戏"。大凡世间那种不过分"装饰"自己的人，是最快乐的人。简单对于人生十分重要，因为简单，才深悟生命之轻，轻若飞花、轻如雨丝；因为简单，才洞悉心灵之静，静若夜空、静似幽谷；因为简单，快乐因此无处不在、无时不有！

快乐如白居易"笑语销闲日，酣歌送老身"的闲适；快乐如苏东坡"锦帽貂裘，千骑卷平岗"的潇洒；快乐如李商隐"庾郎午最少，青草妒春袍"的喜悦。生命本来就是简单、自然的，只是人们不经意间把一些事情搅扰得纷繁复杂，世间才多出了那么多让人唏嘘的故事。

人心浮动，皆因欲望过盛。《简单生活》中这样写道："我们总是把拥有物质的多少、外表形象的好坏看得过于重要，用金钱、精力和时间换取一种有目共睹的优越生活、无懈可击的外表，却没有察觉自己内心在一天天枯萎。"现实生活中，过多地让自己奔波在欲望的高速路上，会让自己的心灵无比地疲惫不堪。

罗斯福总统有一次家里遭受了窃贼偷窃，不仅损失了大量钱财，还丢失了一些重要的东西。他的一位好友听说这件事情后忙去安慰他，劝他不要为了丢失一些东西而伤心。谁知罗斯福总统不但没有伤心，还很愉快地对他的好友说："感谢你的安慰，我现在很好，一点也不难过。而且我还很幸运，那个贼只是偷去了我一部分东西，而不是全部家产，而且他偷走的只是我的钱财，而不是我的性命。"

快乐不是一座金山，而是游于旷野中的美丽的花朵。快乐并不难觅，也并不缺少，只要放得下，有一种练达的心态，放下束缚，便能获得。

贝聿铭曾经说："最美的往往是最简单的。"简单是一杯清茶，淡然中透着清香，身清爽，心恬静；简单是一首诗，纯粹中感受生活的雅致和隽永。快乐来源于简单生活。具有乐观、豁达、坦然性格的人，无论什么时候，他们都能发掘蕴藏在生活中的无穷乐趣，即使在黑夜，也能觅到天空微弱闪烁的星光。

一个小男孩在洗澡时不小心把一块肥皂吞进了肚子里，他的妈妈很是担心，急忙打电话向家庭医生求助。医生告诉她说："我现在还有几个病人要治疗，可能要半小时后才能过去。"

妈妈急了，说："那可怎么办？我的儿子会不会有生命危险，这段时间，我该做什么？"

医生告诉她："给小朋友喝一杯白开水，然后用力跳一跳，你就可以让你儿子用嘴巴吹泡泡消磨时间了。"

很多事情其实没有想象的那么糟糕，放轻松些，生活不必弄得那么复杂。简单如小鸟翱翔在一片空灵的蓝天，自由飞翔；快乐如永不枯竭的清泉，一路欢歌。如果你能认清生命的本质，能够体察人生的纯然，能够忍耐生命的残缺，坦然面对人生的坎坷，那么你的生活就是顺遂的，你的人生就是快乐的。

生活还是简单一点好，那样快乐更容易抵达心灵的深处。因为简单使人宁静，宁静可以衍生出快乐，内心简单而宁静，就能感受生活中点点滴滴的美好。

> **【低头生气，不如抬头争气】**
>
> 简单，是人生快乐的源泉。因为简单并非贫乏而缺少东西，不是简约，更不是简陋。它是一种去繁就简的境界，一种繁华过后的觉醒，一种生活态度。简简单单，平平淡淡才是生活的佳境。心若简单，便没有繁杂的迷惑；心若简单，便能屏蔽繁乱的世事。总之，因为简单，所以才会快乐！

3. "删除"抱怨，"拥抱"快乐

牢骚满腹，喋喋不休地抱怨 抱怨满天飞……抱怨是现实生活中最常见的一种情绪表现。可是，面对命运带给我们的苦难，再多的抱怨也无济于事。我们唯有删除抱怨，生命才得以滋润，生活才将赐给你更灿烂的阳光，让你的心情变得愉快和健康；只有稀释心中的狭隘和阴暗，才能使自己快乐起来。

莫泊桑曾说："不谦恭、不和睦的人，不但会遭受物质的损失，且将失去生活的情趣。"满腹牢骚的抱怨只会让自己陷入不满的旋涡，失去快乐的意义。

无论在工作中，还是生活中，总会听到一些抱怨。一个只会怨天尤人、痛骂社会,甚至自责的人,并不能使事情有任何改变。徒劳的抱怨,只能使自己过得更疲惫,整天活在抱怨中的人只会让抱怨在无形中伤及自身。

从前,有一位修女进入修道院以后,就一直在从事织挂毯这项工作。她的工作就是用黄色的丝线编织,重复打结、剪断等几个基本的动作。做了几个星期之后,她开始厌倦了,抱怨自己的工作太枯燥乏味,简直让人发疯。

听到她的抱怨,在一旁织毯的一位老修女说道:"孩子,你的工作并没有浪费。你织出的那很小的一部分,其实是非常重要的一部分啊。"

老修女带她进入隔壁的一间房间,在一幅美丽的"三王来朝图"前,她说:"你看你织出来的那一部分正是圣婴头像的光环。对这幅画来说,它是多么重要啊!"

年轻的修女惊呆了。原来在她看起来是浪费时间、枯燥无味的工作,竟然是这么伟大。从此,她一心一意,高高兴兴地投入到工作中,每次想到她的工作这么重要,她的脸上竟然挂起了笑容。

一位伟人说:"有所作为是生活中的最高境界。而抱怨则是无所作为,是逃避责任,是放弃义务,是自甘堕落。"生命是美丽的,而且十分精彩。面对不幸,面对潦倒,我们所要做的不是怨天尤人,自暴自弃,而是从中选择生活的乐趣,才能最终有一番成就。

我们每个人都是生活在幸福和快乐之中的,我们之所以会产生这样或那样的抱怨,是因为我们内心被太多的私欲所占有,不懂得以感恩的心态面对一切。

传说有一天,上帝召集大臣们一起开一个头脑风暴会议。上帝说:"我要人类在付出一番努力之后才能找到幸福快乐。我们把人生幸福快乐的秘密藏在什么地方比较好呢?"

有一位大臣说:"把它藏在高山上。这样人类肯定很难发现,非得付出很多努力不可。"上帝摇了摇头。

另一位大臣说:"把它藏在大海深处,人们一定发现不了。"上帝还是摇了摇头。

最后一位大臣说:"我看哪,还是把幸福快乐的秘密藏在人类的心中比较好。因为人们总是向外去寻找自己的幸福快乐,而不会想到在自己身上去挖掘这幸福快乐的秘密。"上帝很是满意这个答案。

很多时候,所谓快乐其实一直都未曾离开我们。只是我们身处这红尘万丈、光影斑驳的人间,不免会被种种五光十色的影像眩惑而终致迷失了自己。我们本来一如明镜台般洁净无染的水晶之心,便会慢慢地被红尘中的风雨所腐蚀、熏染、蒙蔽、牵引,使我们只能在经验的世界中不由自主地随包罗万象的外境而不停转动。

快乐始终珍藏于我们的内心,别让心长时间泡在抱怨的污水里,没事的时候把它拿出来晒一晒,你便能重新获得快乐!

【低头生气,不如抬头争气】

抱怨的人生是乌云密布、充满苦涩的;不抱怨的人生是道路两旁盛开着五彩芳香的花,在我们头顶上洒满了温馨的阳光。现在的我们之所以失去了那么多快乐,就是因为心思太复杂,内心背负着太多沉重的东西。但是快不快乐都是我们自己说了算,我们何不"删除"抱怨,"拥抱"快乐呢?

4. 分享使痛苦减半，快乐翻倍

学会与人分享是一件快乐的事情。与别人分享快乐，一个人的快乐就会变成两个人，甚至是多个人的快乐；而与人分担痛苦，我们自身的痛苦就会减半。不愿与人分享的人往往会失去很多快乐，背负很多痛苦。

比尔·盖茨曾说："每天清晨当我醒来，我便思索着如何与他人分享我的快乐，因为那会使我更快乐。"分享是感受幸福的开始，分享是人们获得快乐的根源，只有学会了分享，才能郑重地体会出快乐的存在，与他人分享快乐的过程，就是放大你所得到的快乐的过程。分享能带给人们精神上的充实与快乐。分享是一种大智慧，懂得分享的人能收获高于常人几倍的快乐。

在一个寒冷的冬天，一对老年夫妇走进一家餐厅。那位老先生径直走向点餐台点餐，他要了汉堡、比萨还有一杯牛奶。然后，老先生托着托盘回到自己的座位。他把食物平均分成两份，一份放在自己面前，一份递给太太。然后，老年夫妇开始吃饭。

这时，老先生直接拿起自己手中的汉堡开始吃，而他的太太就在旁边看着。餐厅里的人看到这一幕都忍不住纷纷议论起来，他们认为那对夫妇也许是太贫穷了，只能够买一份食物两个人分着吃。就当老先生开始要吃比萨的时候，有一位顾客走了过来，很有礼貌地对他们说，他愿意为他们再买一份。然而，老先生表示感谢以后，委婉地拒绝了，他说，他们这样就够了。

餐厅里很多人都被这对夫妇的行为所吸引了，大家都在默默地观看他们用餐。那位老先生丝毫不被餐厅里异样的眼光打扰，他镇定地用餐，可他的妻子却一口都没有吃，只是静静地看着他的丈夫，偶尔喝一口牛奶。

过了一会儿，老先生吃完了，他满足地擦了擦嘴，把剩下的食物放在他妻子的面前。这时又有一位顾客走到老年夫妇面前，提议再给他们买点吃的，结果这次却遭到了老妇人的拒绝。顾客好奇地问："那么，你为什么不吃东西呢？为什么要等你丈夫用完餐后再吃呢？"

老妇人笑了："孩子，我们曾经经历过一段艰苦的时光，在食物匮乏的情况下，我们靠着分享同一份食物走出了人生的低谷。我们分享食物，其实是为了提醒自己，不要忘了与对方分享内心的快乐和悲伤。"

的确如此，生活需要分享，无论是快乐还是痛苦。不懂分享的人生，是上帝对我们的一种惩罚。

生命的丰富是因为你的分享而成倍地增长的。当你把快乐的事情告诉别人的时候，别人也会为你高兴；当你把自己的痛苦和幸福吐露给别人的时候，你的心灵就得到了平静，你就变成了一个更加亲切可爱的人。我们要学会与他人分享快乐和痛苦，也要学会分享他人的快乐和痛苦。一个懂得分享的人，生命才会丰沛而且充满活力。当你懂得了分享，你的生命也会变得更加绚丽多彩。

在非洲大草原上，有一匹高大健硕的白马发现了一处绿油油的草场。这匹白马非常高兴，认为自己以后再也不必到处跑着找草场了，因为这片草场足够它吃上一段时间了。

就在白马万分高兴的时候，突然跑来一头美丽的梅花鹿。那匹白马气势汹汹地吼道："这是我的草场，你给我滚出去。"梅花鹿抬起头，看到的是一匹高大的白马，便和气地说："马哥哥，你说这是你的草场，有什么证据吗?"

"当然有证据，你等着，我这就去把证据找来。"说着，这匹白马便飞一样地跑走了。

白马在山下发现了一户人家。白马非常有礼貌地对这家主人说："请你上山为我作证好吗?"这家的主人想了想说："我可以答应你，但是你也得答应我的一个要求，我要给你戴上笼头和马嚼铁……"为了要得到那片草场，白马只好答应。

这个人给白马戴上笼头和马嚼铁，骑着它来到那片美丽的草场，为白马作了证。就这样，那片草场就归属白马了。不过戴上了笼头和马嚼铁后，它必须每天都去为给它作证的人耕地、驮东西。

白马虽然成了草场的主人，但它同时也成为了人的奴隶，并且从它以后的世世代代也都成为了人的奴隶，而梅花鹿和它的后代仍是自由的。

生活需要朋友，你的快乐和痛苦都需要有人分享、分担。没有人参与你的人生，无论你面对的是快乐还是痛苦，都只能一个人默默地承担，这样的人生是悲哀的。如果能够与朋友分享，你的快乐就会加倍，如果能与朋友分担，你的痛苦就会减少。年轻人要懂得分享，因为分享会让你享受到更多生活的快乐。

> **【低头生气，不如抬头争气】**
>
> 西方有一古谚："有人分享快乐加倍，有人分担痛苦减半。"与朋友分享快乐，快乐增倍；向朋友倾诉烦恼，烦恼减半。生活中总是有太多的不融洽，有快乐，也有悲伤，有心有灵犀的瞬间，也有太多太多的摩擦。生活中，如果我们学会了分享，便能获得人生最大的快乐。

5. "开"心是福

心是一扇无形的窗，一旦打开了，就能"豪情壮志尽施展"，就能"珠玑锦绣任挥洒"；一旦关闭了，就会"乌云盖顶"，就会"黑暗如夜"。凭栏远眺，有人看到的是一片黑暗，有人看到的却是万点星光。心灵之门敞开了，什么都看得清，什么都不怕；心灵之门关闭了，这个世界就充满了黑暗，一切都看不清了。

我们之所以沉溺于悲伤，看不见光明，是因为我们忘记了打开窗户；我们之所以时常茫然，时常丢失了自己，是因为忘记了享受阳光。梁实秋在散文《快乐》中这样写道："有时候，只要把心胸敞开，快乐也会逼人而来。这个世界，这个人生，有其丑恶的一面，也有其光明的一面。良辰美景，赏心乐事，随处皆是。智者乐水，仁者乐山。雨有雨的趣，晴有晴的妙。小鸟跳跃啄食，猫狗饱食酣睡，哪一样不令人看了觉得快乐？"心是一扇无形的窗，窗户紧闭，内部就会黑暗如夜，外界的一切也便黯然失色。但是，只要把窗户打开，阳光自然会进来的。只要敞开心扉，生活自然会充满阳光的。

有这样一个故事：

一家有兄弟二人，年龄也不过只有四五岁。有一天他们看到外面灿烂的阳光，就觉得十分开心。于是，兄弟两人就商量："我们是否可以将外面的阳光扫一点进来？"

于是，兄弟二人每人拿了一把扫帚和簸箕，到阳台上去扫阳光。等他们小心地把扫进簸箕里的阳光搬到房间里的时候，阳光却不见了。

这样他们再三地扫了好多次，屋内还是一点阳光也没有。正在厨房忙碌的妈妈看到他们奇怪的举动，就问道："你们在做什么？"兄弟二人齐声回答道："卧室里太暗了，我们要扫一些阳光进来。"妈妈笑着说道："你们只要把窗户打开，阳光就自然进来了，何必要去扫呢？"

心灵之窗，有的人将其紧紧关闭，有的人半虚半掩，有的人全然敞开，于是心灵就有了不同的色彩，人生的舞台上便演绎出了各不相同的故事。敞开心扉，拥抱世界，你会发现，原来世界是多么美好。

从前有一个书生进京赶考，住在一家客栈里，就在考试的前两天晚上，他做了一个奇怪的梦，一是梦见自己在高墙上种白菜，二是梦见自己晴天戴着斗笠还打着伞，三是梦见自己和心爱的表妹躺在一起，但却是背对着背。他觉得这个梦很有玄机，于是第二天他找了一个算命先生解梦。算命先生听完他的话以后，一拍大腿说道："哎呀，你还是赶快背着包袱回家吧。"书生不解，便问究竟是怎么回事。算命先生告诉他说："你想啊，高墙上种白菜不是白费劲吗，晴天戴着斗笠还打伞，不是多此一举吗，和心爱的表妹躺在一起却背靠背，不是没戏吗？"书生听完后，很失落地回到客栈，收拾好包袱准备回家。店老板看到了这一幕就问他："还有一天就要考试了，你这是要去哪儿啊？"于是书生把事情如实说了一番，老板说："我也会解梦，我解给你听，你在高墙上种白菜，不是高种（中）吗，你晴天戴着斗笠还打伞，不是有备无患吗，你和你心爱的表妹躺在一起背靠背，不是说明你要翻身了吗？"书生听完后，高高心心地去参加了考试，到了发榜的时候，书生中了个探花。

积极的人像太阳，走到哪里哪里就亮，消极的人像月亮，初一、十五不一样。有什么样的心态就有什么样的人生。

　　人生总会有那么多的失败、挫折、痛苦和磨难，这个时候请不要闭锁你的心灵；请不要让自己的心灵布满阴云；请不要抛开生活中一切美好的东西，要敞开你的心灵，找到引燃的火种，破除心中无边的黑暗，指示不懈前行的方向。只要心中的灯火不曾熄灭，即使道路再崎岖难行，那片光明都会孜孜引路，如愿而归。

　　【低头生气，不如抬头争气】

　　我们的生活并不是一无是处，天堂与地狱只在一线之间，想得开就是天堂，想不开就是地狱。只要我们愿意打开心灵的窗，去体会阳光的温暖，聆听鸟儿的鸣叫，欣赏风儿的舞蹈，感受大地的脉搏，让阳光为你打扫内心世界的片片阴霾，让细雨为你洗去窗口斑驳的锈迹，人间的繁花满树与灯火辉煌，就会一片一片地飘进窗来。

6. 心宽一尺，路宽一丈

　　有人说：发上等愿，结中等缘，享下等福；择高处立，就平处坐，向宽处行。对我们而言，"向宽处行"是生活至理，只有把心放宽，道路才不会拥挤，血脉才不会堵塞，生活才不会失意。凡事将心放宽，人生就会海阔天空。

　　法国作家雨果说："世界上最宽阔的是海洋，比海洋宽阔的是天空，比天空更宽阔的是人的胸怀。"让自己的心与世界同宽，把心放宽，才能超然物外，活出另一番人生精彩；把心放宽，才能把世界拥入怀中，站在山之峰巅、云之彼端。

　　从前，有一个年轻人家庭殷实，却整日里忧心忡忡，觉得生活亏待了自己，与旁人相处也比较困难，开始有点厌世。于是他上山向得道高僧求助，询问高僧如何才能让自己快乐起来。

高僧听完年轻人的倾诉后，转了转念珠，道："施主，先坐下喝杯茶吧。"

年轻人见高僧对自己的态度十分冷漠，不由得心中火气冲天，但又不好意思把火发出来，拿起一杯茶就往自己的嘴里灌。高僧交代了一句"我马上回来"就离开了。不一会儿，高僧就带了一罐醋回来，道："施主，放一勺进去，再把水倒满。"

年轻人不明白所以，却仍照着高僧交代的做了。接着，高僧说："再喝一杯水试试。"年轻人反驳道："我刚倒了一勺醋，这水还怎么喝啊？"

高僧没有说话，只是眨了眨眼睛，看着惊讶的年轻人。年轻人看着高僧的眼睛，最后，还是把水喝下去了，随即吐了出来："大师，好酸！"

高僧又让年轻人再舀一勺同等量的茶放进茶壶里去，再倒出来，让年轻人喝喝看。年轻人喝过后，依旧皱着眉头说："还是很酸，但是比以前好多了。"

高僧慈祥地笑了，叫年轻人加一点水到茶壶里，然后再让年轻人试试看。年轻人喝过之后，说："这下好多了，虽然还是有点醋味，但是如果不细心品尝，根本就没有感觉。"

高僧听完年轻人的话，点了点头，问道："施主，如果还是刚才这么多的醋，如果放到江河大海，味道又如何呢？"

年轻人直接回答道："当然没有影响了，就是再多放一些醋进去，也不会有什么酸味。"

高僧会心一笑，道："如此，施主就该懂了，把心放宽，宽得能容下江河湖海、苍天大地，如此就是有再大的烦恼，在施主的世界里，也不能影响分毫，施主又怎会不快乐呢？"

年轻人茅塞顿开。在以后的日子里，年轻人只要一想到高僧的话，遇事都劝慰自己要放宽心，果然没过多久他就变得快乐起来了。

心中无事一席宽。如果心中没有太多挂碍，再小的空间也能让你感受到天地的广阔，也能让你发现人生的乐趣。

宽心是智者的情怀。人生需要宽心，因为每一个经历沧桑的心灵都渴望平静无忧。只有宽心，才能俯仰无愧，涤荡一生忧虑烦恼；人生需要宽心，因为每一个缺乏温暖的心灵都希望被人接纳。只有宽心，才能荣辱不惊，褪去万世烟云浮华。

曾经，有一对恩爱的夫妻，生了一对双胞胎儿子。因为家境殷实，兄弟俩上的是顶级的学校。所以，他们从小就受到了很好的教育。在他们14岁的时候，突然有一天，父亲把两个儿子叫到跟前，问他们："这几年来，你们的大部分时间都是在学校中度过，你们觉得在学校过得快乐吗？""爸爸，我觉得很快乐。对我而言，学校就如同天堂，在学校的每一天我都是在开心中度过的。"大儿子欢快地说。"为什么呢？难道学校有什么吸引你的地方吗？"父亲笑着问道。"学校的老师个个都和蔼可亲，同学们也都友爱善良，就连学校看门的老大爷每天都是笑眯眯的。因为每天在这样的学校里学习，所以我感到很幸福、很开心。"听完大儿子的话后，父亲高兴地点了点头，于是又把目光转向小儿子。

"爸爸，我在学校的每一天都觉得是煎熬，每一天都是那么的漫长。对我而言，学校就像是人间地狱，我一点儿也不喜欢那儿！""为什么？你不是和你哥哥在同一个学校，同一个班级吗？"父亲奇怪地问。"是的，我是和哥哥在同校同班。但是，我觉得这儿的老师没有一点儿人情味，同学们之间也是钩心斗角，就连学校看门的老大爷，虽然每天都笑嘻嘻的，但谁知道他心里想的是什么？"

又过了几年后，这对双胞胎的人生便有了天壤之别。哥哥在大学毕业后，很快就找到了一份满意的工作，还找到了自己的另一半，他们幸福地恋爱着。没过多久，他们就结婚，然后生子，一家人过着幸福快乐的生活。

而弟弟呢，大学毕业后不停地找工作，不停地换工作。每一份工作，他干不到几个月就辞职了。在工作中，他不停地抱怨自己的工作不理想，公司领导不赏识他，同事也排挤他；在生活中，他不停地抱怨自己的女友不够优秀，不会过日子，学历不高，长相不行……正是他不断的抱怨，不仅让他失去了工作，还丢掉了女朋友。也正是他自己，把好好的生活弄得一团糟。而他现在的生活，真的就像生活在地狱一般。

生存在同样的生活环境，接受着同样的教育，面对着同样的老师、同学，兄弟俩之间为什么会有如此大的差别呢？最关键的因素就在于，哥哥心胸开阔，凡事都往美好的一面看，所以他的生活也是美好的。而弟弟呢，心胸狭窄，凡事总是只看到阴暗的、消极的一面，所以他的生活就每每不尽如人意。

在英国的一所监狱里关押着一名囚犯，他的牢房只有一两平米大，空间异常狭小，住在里面很是局促，连活动都成问题。他的内心充满着愤慨与不平，备感委屈和难过，认为住在这个小房子里，简直是人间炼狱。他每天就这么怨天尤人，不停地抱怨着。

有一天，一只苍蝇不知从什么地方飞进了他的牢房，嗡嗡地叫个不停，到处乱飞乱撞。他想："我已经够烦的了，再加上这只讨厌的家伙，实属要把我气死。我一定要抓住它。"他小心翼翼地捕捉，无奈苍蝇比他机灵，每当快要捉到它时，它又飞走了。就这样，囚犯抓了很久，也没有捉到这只苍蝇。他这才感叹道："原来我的小囚房不小啊！居然连一只苍蝇都捉不到，可见其实蛮大的。"

心无私物，方寸之间皆海阔天空永无涯畔；胸怀坦荡，宛若长空旭日烦恼则无处藏身。眼中有尘三界窄，心中无事天地宽。人活一世，心外世界的大小并不重要，重要的是我们自己的内心世界。一个胸襟宽阔的人，纵然住在一个小小的囚房里，亦能转境，把小囚房变成大千世界；一个心量狭小、不满现实的人，即使住在摩天大厦里，也会感到事事不能称心如意。

【低头生气，不如抬头争气】

心宽一尺，路宽一丈。心若计较，处处都有怨言；心若放宽，时时都是春天。在生活面前，唯有心宽才能让人生不留遗憾；唯有心宽才能踏过险阻高山；唯有心宽才能淡然于世，超脱物外。心宽，一切不难。

7. 吃点"亏"又何妨

与人相处，有一分退让，就受一分益；吃一点亏，就积一分福。相反，存一分骄，就多一分挫折；占一分便宜，就招一次灾祸。

"占便宜是祸害，懂得吃亏是福"。有些人，总想处处占别人一点便宜，这都是狂妄、自大、傲慢的习气，这不是智慧。真正有智慧、有德行的人，懂得处处忍让。

在日常生活中，有一些自认为非常精明的人，他们处处要显得比别人更加神机妙算，更加讨巧投机；他们总在算计着别人，以为别人都不如他们聪明，而可以从中抹点儿油，讨点儿好，好像他们这样就会过得比别人好。这种人功利心太重，把功利当作人际关系的首要，他们日子过得很累、很紧张，过得很缺乏乐趣。

国学大师季羡林曾这样说：

"有一些人往往以为自己最聪明，他们争名于朝，争利于市，锱铢必较，斤两计较。如果用正面手段、表明上的手段达不到目的的话，则也会用负面的手段、暗藏的手段，来蒙骗别人，以达到损人利己的目的。结果怎样呢？结果是：有的人真能暂时'春风得意马蹄疾，一旦看遍长安花'。大大地辉煌了一阵，然后被人识破，由座上客变而为阶下囚。有的人当时就能丢人现眼。"

华人首富李嘉诚在教育儿子时说：

"假如你与他人合伙做生意，如果你拿七分合理，八分也可以，那你最好只拿六分就可以了，这样虽然你只拿六分，却有 100 个人愿意跟你做生意，如果你拿了八分，现在却只有 50 个人想跟你做生意，结果是亏，还是赚？"

在生活中，有些人总是怕吃亏，总爱为一点小事斤斤计较。有些人即便面对一些蝇头小利，也要与他人争得面红耳赤。殊不知，吃亏其实是珍藏在心中的一块至宝。不懂得吃亏的人，就不能完美地领悟人生；不懂得吃亏的人，也就不会有事业上的辉煌。

学会吃亏，善于吃亏，乐于吃亏，这并不说明一个人无能、无用、无知，很大程度上这也是一个人的品行端正与否、思想高尚与否、行为善良与否的写照。

秦朝时期，张良因为刺杀秦始皇没有成功逃到下邳隐居。有一天，他在镇东石桥上遇到一位白发苍苍的老人。碰巧，在他经过的时候，老人的鞋子掉到了桥下。老人便叫张良去帮他捡起来。张良非常不愿意，认为老人是在作弄他，自己跟他素不相识，为什么要帮他捡鞋子呢？但见对方年老，便克制住了自己心中的怒气，极不情愿地跳入河中帮他把鞋子捡了回来。

谁知当张良把鞋子递给老人时，这位老人不仅不道谢，反而伸出脚来说："你再帮我把鞋穿上吧！"张良心里更加不痛快："我好心帮你把鞋子捡了回来，你居然还得寸进尺，要让我帮你把鞋穿上，真是太过分了。"

张良正想说出心中的不快，但又转念一想，反正鞋子都捡回来了，干脆好人做到底。于是，他又替老人把鞋穿上。之后，老人走了，并约张良三天后再到桥头相会。张良不知何意，但还是恭敬地答应了。

三天后，张良如约来到桥头，张良刚到，只见，老人又把鞋扔到了桥下，对张良说："我的鞋又掉了，你去给我捡回来。"这时，张良很是气愤，心想："你叫我来，就是叫我帮你捡鞋？"张良正想破口大骂，但是又一想，反正都来了，就再给你捡一回吧。

就这样，张良的行为感动了这位老人，于是老人说走之前送给张良一本书，这本书便是老人用毕生心血注释而成的《太公兵法》。张良得到这本奇书后，日夜诵读研究，后来成为满腹韬略、智谋超全的汉代开国名臣。

我们应该记住这样一句话："利人就是利己，亏人就是亏己，让人就是让己，害人就是害己。所以，君子以让人为上策。"并非所有的便宜都值得庆幸，并非所有的幸运都值得高兴，并非所有的痛苦都令人难以忍受，吃亏往往是珍藏在心中的至宝，不懂得吃亏，就不能完美地领悟人生；不懂得吃亏，就不会有事业的壮丽辉煌。

【低头生气，不如抬头争气】

　　吃亏是一种胸怀，一种品质，一种风采。不懂吃亏，就不能完美地领悟人生；不懂吃亏，就不会有事业的壮丽辉煌；只有吃亏，会像无价的珍宝在每一个人心底深深珍藏。

8. "烦恼"向左，"快乐"向右

　　人生就像回声，你送出去什么它就送回什么；人生就像种子，你播种什么就收获什么；人生就像一座天平，左边是烦恼，右边是快乐。如果你选择了烦恼，那么快乐就将远离你；如果你选择了快乐，那么烦恼将不再伴随。快乐或是烦恼分在两个路口，烦恼向左，快乐便会向右。

　　每个人心中都有一把"快乐的钥匙"，但我们却常在不知不觉中把它交给别人掌管，生活原本没有痛苦，没有烦恼，没有忧虑，当欲望太多，计较太多，背负太多时，痛苦、烦恼、忧愁和沉重便产生了。

　　德国作家歌德的《少年维特之烦恼》中的主人公维特就是一个极为纠结和烦恼的人。他总是对现实和人生充满了不满，他总是在不断地发掘新的事物来忘记自己的烦恼，却不知不觉地又将自己置于另一个烦恼之中。

　　维特原本生活在一个极为富裕的家庭中，受过良好的教育。但是，即使拥有这般优越的物质条件，维特还是觉得自己不幸福。为了排遣心中的烦恼，他告别家人来到了一个偏僻的山村。

　　在那里的一个晚会上，维特认识了夏绿蒂，并且爱上了她。但是夏绿蒂已经订婚，等夏绿蒂的未婚夫回来的时候，维特才发现自己就像个小丑似的，尴尬不已。他总是叹息命运的不济，最终在朋友的劝说下，离开了心爱的夏绿蒂。

维特为了摆脱伤心地，又远走他乡，在公使馆处谋了一个职位，成为了一名办事员。这在许多人看来已经是一份相当不错的工作了。可是维特受不了别人对他工作的吹毛求疵和嘲笑，一气之下就辞去了公职。

就这样，他总是飘忽不定，不知道自己接下来该去做些什么。所以，一个又一个新的烦恼接踵而至，直至最后用自杀结束一切。

生活是一个大转盘，每天都有不同的惊喜；生活是一副七巧板，需要你用心去摆放；生活是一个画板，画着你的喜怒哀乐。永远不要为生活中种种的矛盾而纠结。生活本身就是一连串矛盾的载体，你若纠结久了，你会烦、会痛、会厌、会累、会伤神、会心碎。实际上，到最后，你不是跟事过不去，而是跟自己过不去，遇事多提醒自己"放轻松"、"看开点儿"、"别和自己过不去"，拥有好心情才能真正享受到好的生活。

一位弟子问禅师说："世间为何会有如此多的苦恼？"

禅师说道："只是因为世间凡人不识自我。"

"如何才能认清自我？"弟子再一次问道。

"不可说，不可说，一说即是错。人生有八苦，生，老，病，死，爱别离，怨长久，求不得，放不下，所有的烦恼皆源于这些。其实，这些都是过眼云烟，世间的人因为看不透，所以才会烦恼不断，痛苦不止！"禅师解释道。

弟子再一次问道："那如何才能化解痛苦和烦恼呢？"

禅师说道："笑着面对，看淡一切，不去埋怨，而且随时能做到随心、随性、随缘，就能抛弃苦恼，远离痛苦!"

生活中，所谓的纠结、烦恼，其实大多数都是自己寻觅而来的，是捆绑自己手脚的无形网罩。人要学会给心灵松绑，就是要给自己营造一个温馨的港湾，常常走进去为自己忙碌疲惫的心灵做做按摩，使心灵的各个零件经常得到维护和保养。人生在世，光阴易逝。为此，一切都不必计较，不必在乎，我们只需心如止水，笑看人生之路上的风风雨雨，随心、随性、随缘，才能拥有淡然真切的一生。

法国的文学家乔治·桑说："心情愉快是肉体和精神上的最佳卫生法。"马克思说："一种美好的心情，比千服良药更能解除生理上的疲惫和痛楚。"董仲舒说："仁人……外无贪而清净，心和平则不失中正，取天地之美以养其身。"说的就是保持良好的心态和愉快的心情对人是多么重要。人世间真正给人带来烦恼的事情并不是大灾大难，而是日常生活中一些是非名利等小事。对于这些小事，你若心中放不下，你就会为此烦恼重重，若能够不放在心上，就能拥有快乐。生命是条不可回头的单行线，我们要学会珍惜，不要将每一天都浪费在对未来虚无的烦恼之中。不要因为目光总是注视着天上的星光，而忘记了环顾四周的美景，甚至践踏了脚下的玫瑰。

【低头生气，不如抬头争气】

请善待生命，善待自己!要明白，若流泪，打湿的是自己的脸;若悲戚，苦的也是自己的心。每个人都有自己的苦恼和忧愁，同时也有不同的快乐与你相伴，把烦恼留下，快乐就将被带走!

220

9. 背着"仇恨袋"生活，只会苦了自己

仇恨是恶魔；仇恨是毒瘤；仇恨是重负。它让人们相互倾轧、相互远离、彼此陌生。人若选择了仇恨，那么他就选择了黑暗，选择了包袱，选择了毒药。一旦被仇恨笼罩，人应试着找寻心底的那片祥和，给不胜重负的心灵找一个安详的归属，腾出一方可以依靠的港湾，快乐就会随风飞扬。

因为仇恨，美国发生了惨不忍睹的南北战争；同样也是因为仇恨，自身的心灵因此加重了负担。生活中我们千万别和自己过不去。人要学会给自己的心灵"松绑"，去放飞心灵，去分享世界的广阔和美丽，我们的生活就在温情和幸福之中了，而背着仇恨，我们的生活就会被冷酷和仇恨笼罩。

古希腊神话中，有这样一个故事：

有一位叫海格力斯的英雄，力大无穷，没有人能够比得过他。为此，他总是踌躇满志，春风得意。

有一天，海格力斯在一条极为狭窄、坑洼不平的道路上行走，突然，一个趔趄，他差一点被什么东西所绊倒。他定睛一看，发现路的中间正好有一个像袋子似的东西。海格力斯马上生气了，狠狠地向着那个东西踢了一脚，谁知，那个东西不但待在原地纹丝不动，而且还气鼓鼓地膨胀起来。

这下，海格力斯更加生气了，于是就奋力地挥起拳头又朝它狠狠地一击。但是那个东西却依然如故，同时又迅速地胀大着。海格力斯暴跳如雷，快速地拾起一根木棒狠狠地向它砸个不停，但是，这个东

西却越长越大，最终将整个山道堵得严严实实。海格力斯气急败坏又无可奈何，累得躺在地上，气喘吁吁。不一会儿，山中就走来了一位圣人，见此情景，很是困惑。

海格力斯就对对方说："这个东西真是可恶至极，存心与我过不去，将我走的路堵得死死的。"

圣人听罢，看看他的脚下，淡淡一笑，平静地说："朋友，这个东西叫'仇恨袋'。当初，如果你不去理会它，或者干脆就绕开它，它就不会与你过不去了。就像当初，你的心中总是记着它，它就会不断地膨胀，就会挡住你的去路，专门与你作对！"

其实，生活中如果我们总是为小事生气，就相当于我们的肩上扛着"仇恨袋"，那么，我们的生活就会如负重登山，举步维艰，最终，只会堵死了你前进的步伐。

人生路途遥远，如果你选择在苦难面前倒下，把仇恨一个不落地装进行囊，那你会越走越艰难，把仇恨释放，用微笑去面对，你才能轻松上路。

曾经有一个年轻商人名叫皮亚，他总是一副很高傲的样子。那时候，他认识一个叫汉拿的大企业家。但不知为什么，皮亚却非常憎恨他，汉拿连续几天约他见面，都被他直接拒绝了。要知道，汉拿是世界闻名的大人物，而且要做美国的政治领袖了，周围人没有一个不想认识他的。可是，在年轻的皮亚眼中，汉拿只不过是一个地方上的"党魁"罢了。他每次看见报纸上对汉拿的称颂，都会忍不住痛骂起来。

后来，汉拿的一位友人劝说汉拿，要他抽时间和这位青年见面谈谈，消释下彼此间的误会。有一天，汉拿跟着一位友人来到一个十分拥挤的旅馆客房里，里面已经坐着一位沉静的、穿灰外套的青年，汉拿跟着走了进去，可是那个青年人坐在椅中根本不去理会。

待友人介绍："这位就是皮亚先生……"之后，汉拿仿佛打开了话匣子一样，一下子说了好多话。更让皮亚出乎意料的是，汉拿一直在讲关于皮亚的事情，关于他父亲提任法官的事情，关于他伯父的事情，以及关于他自己对于政纲的一些意见。汉拿说："你是从奥马哈来的吗？令尊不是法官吗？……"汉拿的这一连串问题，让年轻的皮亚觉得有些吃惊了。汉拿接着又说："你父亲曾有一次害得我一个朋友在煤油生意上损失了好多钱呢！你伯父现在还在哈斯顿吗？……"

终于，这位年轻的商人皮亚开始说话了。当他说完的时候，他只觉得喉咙有些生涩。但是，皮亚的生命史也因此翻开了新的一页。没过几年，皮亚就与这个曾经非常憎恨的人做了好朋友，并且成了生意上的合作伙伴。汉拿也从此得到了一个新的忠诚的朋友。

有一句话说："少一分怨恨，多一分快乐。"这句话读起来似乎并没有什么特别精辟之处，但仔细一琢磨，却有着极为深刻的哲理。忘记怨恨，是一种博大的胸怀，它能包容人世间的一切喜怒哀乐；忘记怨恨，是一种高尚的品格，它能使人跃上一个新的台阶。

人生在世不如意事十之八九，谁都难免被仇恨所困，若能够学会用淡定的心态去面对生命中的凡人琐事，你就会走出仇恨的泥沼，生命的绿洲就不会被仇恨的沙漠吞噬了。

【低头生气，不如抬头争气】

昔日寒山问拾得曰：世间谤我、欺我、辱我、笑我、轻我、贱我、恶我、骗我，如何处治乎？拾得云：只是忍他、让他、由他、避他、耐他、敬他、不要理他，再待几年你且看他。快乐就是放下包袱的释然，真诚面对的坦然，宠辱不惊的泰然。当那些不顺心的事萦绕着我们的时候，我们该如何面对呢？"随缘自适，烦恼即去"。

10. 让三分心平气和，退一步海阔天空

人情世故翻云覆雨，人生之路崎岖不平。在人际交往中克己忍让，生活天地自然宽，在人生路上谦让三分，就能开阔天空。路径窄处，留一步与人行；味道浓时，减三分让人尝。此是涉世一极乐法。

"径路窄处，留一步与人行，滋味浓处，减三分让人尝"。谦让，是一种美德；谦让，是人生前行的一张通行证；谦让，是幸福微笑的一包催化剂；谦让，是和谐相处的重要条件。

人与人之间的和谐共处，贵在谦让。谦让是一种深厚的涵养，它是一种善待生活、善待别人的境界，能陶冶人的情操，带给你心灵的恬淡与宁静。它不但可以改善自己与社会的关系，还可以使自己的心灵得到慰藉与升华。

公孙弘是汉代一位丞相，他年轻的时候家徒四壁，直到汉武帝登基招募贤士，他才飞黄腾达。这一年他已经 60 岁了。但是他当了丞相以后生活依然十分简朴，一日三餐都是粗茶淡饭，连家具都是普通的。

可是另一位大臣汲黯却看不惯他的行为，认为他是故意假装清廉，于是向汉武帝奏了他一本，批评公孙弘位列三公，有相当可观的俸禄，却只吃粗茶淡饭，实质上是沽名钓誉，目的是为了骗取俭朴清廉的美名。

汉武帝问公孙弘："汲黯所说的可都是事实？"

大家都认为公孙弘要怒斥汲黯，没想到他十分平静地说："回皇上，汲黯说的一点都没错。在满朝大臣中，他与我交情最好，也最了

解我。今天他当着众人的面指责我，正是切中了我的要害。我位列三公而只用粗茶淡饭，过着普通百姓一样的生活，确实是故意装得清廉以沽名钓誉。但如果不是汲黯忠心耿耿，陛下怎么会听到他对我的这种批评呢？”

汉武帝听了公孙弘的这一番话，觉得他心怀坦荡从不辩解，没有沽名钓誉之嫌。他对指责自己的人大加赞赏，可见他确实有大肚量。汉武帝十分欣赏公孙弘的退让智慧，不但没有治他的罪，反而更加尊重他了。

古语云：“忍一时风平浪静，退一步海阔天空。”谦忍退让也是宽容的表现。容忍就像串串美妙的音符，把人生交织成一曲和谐的乐章。忍让的痛苦可以换来甜蜜的果实，一个人经历一次忍让，会获得一次人生的亮丽，会开启一扇爱的大门。当你不给别人留一点活路的时候，任何人都会进行顽强地反抗，这样双方都不会有什么好结果。不要睚眦必报，不要得理不饶人，宽容忍让一次，忍一时之辱，方可换取日后的辉煌。

清朝康熙年间，位于安徽桐城西后街的巷子里，住着两户人家。其中一户是官居文华殿大学士、礼部尚书张廷玉和张英父子。邻居是桐城另一大户人家叶府，主人是张英同朝供职的叶侍郎。两家之间有一空地，向来做过往通道，后叶氏建房子，想越界占用，张氏不服，双方发生了纠纷。

张氏修书给张英，告知其原委。张英看罢，深感忧虑，于是修书一封回复张氏：“千里两家只为墙，让人三尺又何妨？万里长城今犹在，不见当年秦始皇。”

张氏读罢，羞愧难当，于是令家丁后退三尺筑墙。

叶府很受感动，也命家人把院墙往后移三尺，两家之间就形成了一个六尺宽的巷子。

从此，张、叶两府消除隔阂，成通家之谊。"六尺巷"也成为千古佳话。

这也是"六尺巷"典故的由来。

人们常说："唯宽可以容人，唯厚可以载物。"所以，为人处世要多些坦然和微笑，当你与别人发生矛盾时，与其与对方针锋相对，不如相视一笑，退一步或许就能够海阔天空。随心随意，万事不对他人苛求，才能让心灵获得快乐与平静。

谦让是一种深厚的涵养，是一种善待生活、善待别人的境界，能陶冶人的情操，带给人心灵的恬淡与宁静。能不断改善自己与社会的关系，还可以使自己的心灵得到慰藉和升华。人生之路崎岖低洼，行不去处，须知退一步之法；行得去处，务加让三分之功。这样才能转败为胜、历经沧桑。

【低头生气，不如抬头争气】

忍让可浇灭心头的怒火，忍让可消融冰封的江河。有了忍让，天空就一片晴朗；有了忍让，道路就无比宽广。忍让不是弱者的音符，它是强者的形象。忍让是一种智慧，也是一门为人处世、获取成功的大学问。

---

11. 为了自己，原谅别人

古人云：壁立千仞，无欲则刚，海纳百川，有容乃大。宽恕是一种风范，一个懂得宽恕之道的人，他的天地一定广阔，精神一定充实，心灵一定纯洁，灵魂一定美丽。

路易斯密得说："也许在很久之前，有人伤害你，而你却忘不了那件不愉快的事，到现在还痛苦不堪。那就表示你还在继续接受那个伤害。其实你是很无辜的。你要了解到，你并不是世界上唯一有这种经验的人。赶快忘掉这个不愉快的记忆。只有宽恕才能释放你自己，让你松一口气。"多一点豁达，多一点宽容，多一点感悟，多一点理性，愤怒的情绪便会像手中的那杯水，倒地化为乌有。

"二战"时期，一支部队在丛林中遭遇敌军，激战后两名战士与主力部队失去了联系。就这样，他们在丛林深处肩并肩地走着，他们互相鼓励、互相安慰。十几天过后，他们仍未与部队取得联系。有一天，他们打死了一只鹿，依靠鹿肉又艰难地度过了几天。可能是战争使动物们都跑光了，这接下来的几天里，他们没有捕获到任何猎物，他们仅剩下的一点鹿肉，背在年轻士兵的身上。这一天，他们在丛林中又与敌军相遇，经过再一次激战，他们巧妙地避开了敌人。

就在他们自以为已经安全时，只听一声枪响，响彻云端，走在前面的那个士兵中了一枪，应声倒地，幸好，子弹只是穿过了肩膀。后面的士兵惶恐地跑了过来，他害怕得语无伦次，抱着战友的身体流泪，并很快给这个战友包扎了伤口。

晚上，那个未受伤的士兵嘴里不停地念叨着母亲的名字，两眼直勾勾地。他们都认为这次熬不过这一夜了，尽管还有一块鹿肉。天知道他们是怎么熬过这一夜的，第二天，部队救了他们。

事隔多年以后，那位受伤的士兵说："我知道，打我的那一枪是谁开的枪，他就是我的战友。当他抱住我时，我碰到他发热的枪管。我怎么也不明白，他为什么会对我开枪呢？但当晚我就原谅了他。我知道他想占有那块鹿肉，我也知道他想为了他的母亲而活下来。战争太残酷了，他的母亲还是没有等到他回来就走了，我和他一起祭奠了老人家。那一天，他跪下来求我原谅他，我没让他再说下去。此后这么多年，我假装根本就不知道此事，也从不提及。我们做了几十年的朋友，我宽恕了他。"

宽恕的力量是伟大的，试着去宽恕你憎恨的人，试着放下心中仇恨的念头，你得到的可能不仅是心灵的轻松，更可能是一份难得的感激之情。

古时候，有个地方树木茂盛，聚集着众多的动植物，这里的人们一直过着无忧无虑的生活。然而，因为一件事，从此打破了这里的宁静。

一天，一个人进山打柴，不慎被蛇咬伤，结果中毒身亡。

蛇咬人的事一下子在村子里传播开来，打破了这里的宁静。村子里的人到处说蛇奇毒无比，是不祥之物。顿时，蛇成了这个村子的梦魇，让人们愤怒和害怕。这时，有人提出：既然蛇是不祥之物，我们就应该斩草除根。于是在村长的带领下进行了一场除蛇行动。

为了鼓励大家多捕蛇，村里派人与山外的蛇收购商取得联系，蛇商答应高价收购蛇皮和蛇胆，这一下村民们捕蛇的热情一下子高涨起来。

此后，村子里的青壮劳动力统统进了山。

几个月下来，收获颇丰。仅仅是蛇皮，就有十麻袋。

一天，一个老者路过此地，看到此种情形，劝诫村民说："请马上停止这种报复行动，这样只会带来更大的灾难！"

但是，没有人理会，在愤怒和金钱面前，人们选择了继续捕杀蛇的行为。日子一天天过去了，蛇已经被捕杀得差不多了，甚至刚刚破壳而出的小蛇也未能幸免。蛇一下子好像从这里绝迹了。

于是，村民们庆祝起来，他们认为灾难已远离他们而去，再也不用担心被蛇咬死了。

然而，一年以后，更大的麻烦来了。这个地方遭遇了从未有过的鼠患。村子里到处成了老鼠的家园，家家户户都有老鼠窝。这些老鼠不仅个头大，而且还十分贪婪，不仅偷吃粮食，咬坏东西，而且还传播鼠疫。这些老鼠比蛇更狡猾，它们躲在洞里不出来，村里人一点办法也没有，只能任由老鼠猖狂。村民们苦不堪言，生活再无宁日。

此时，村民们想起了一年前老人说的话，方才醒悟。

报复是对别人的打击，也是对自己的摧残。世上没有天生的仇人，只不过都是因为一些生活中的矛盾或者摩擦而不能释然罢了。其实，你完全可以大度地舍弃这些，不值得你再用剩余的生命去支付这些过往的痛苦。否则，折磨和痛苦会伴随你一辈子，自己永远囚禁其中，永远得不到解脱。

有一位男子，热衷于自己的事业，每天都把大量的时间投入到了工作中，根本无暇顾及家中的妻子。时间久了，他的妻子因耐不住寂寞而红杏出墙了。最糟糕的是，妻子竟然怀孕了，她自己也无法确定这个孩子是丈夫的，还是情人的。很快，这位男子知道了自己妻子怀孕的事，非常高兴。看到丈夫一脸兴奋的样子，妻子决定冒险留下这个孩子，并且与情人也断绝了来往。

几个月以后，妻子生下了一个小男孩，全家人都乐开了怀。孩子一天天长大了，可是男子却发现孩子跟自己长得一点儿也不像，于是起了疑心。等孩子三岁时，男子终于知道这个孩子根本不是他的。为此，这位男子痛苦之极，回想着妻子的背叛，再回想着自己帮别人养了几年孩子，男子愤怒极了，于是决然地选择与妻子分居。

可是，当这位男子离开家几天，却忍不住地想孩子，毕竟他跟孩子在一起生活了几年，孩子也叫了他几年的爸爸呀。即使大人的过错再怎么不可原谅，可是孩子是无辜的呀。于是，这位男子开始平息自己的愤怒情绪，从自身去寻找原因，想到自己以前只忙于工作，没有给妻子很好的照顾，这才让妻子背叛了他。又想想跟妻子多年的感情，男子还是放心不下自己的妻子。最后，这位男子毅然选择了宽恕自己的妻子，原谅妻子的过错，并接纳了那个孩子。

故事中的这位男子的行为着实让人敬佩，他的这种做法是需要一定勇气的。如果这位男子一再坚持选择怨恨的话，结果大家可想而知了，那将会是另一个场面：家庭破裂，妻离子散。当他选择宽恕妻子时，既挽回了夫妻间的感情，又挽救了一个即将破碎的家庭，同时也拯救了自己，让自己的人格得到了升华。

怀有宽恕之心，才能享受涅槃之乐。为了自己能够快乐地活着，我们必须学会原谅、宽恕。仇恨他人，是对自己最大的惩罚。原谅、宽恕别人等于解脱自己，放下心灵的包袱，让我们轻装上路。人生还有很长的路要走。每个人都应拥有一颗宽恕之心，具有超凡的胸怀，用我们宽广的心灵去创造辉煌的业绩。事实上，原谅了别人，也就善待了自己。

【低头生气，不如抬头争气】
　　以恕己之心恕人，这样我们才会过得快乐。

第十章

世上没有绝望的处境，
只有对处境绝望的人

　　山有巅峰，也有低谷；水有深渊，也有浅滩。生活有美丽的花，也有难解的结；有沁人心脾的甜，也有钻心彻骨的痛；有阳光明媚，也有凄风苦雨；有平坦畅通，也有泥泞坎坷；有平静如画，也有悲喜交加……任何事情的发展都不是一条直线的，聪明人能看到直中之曲和曲中之直，并不失时机地把握事物发展规律，通过迂回应变，从而绝处逢生。

1. 最大的破产是"绝望"，最大的资产是"希望"

人之所以能，是相信能。一个人最大的破产是"绝望"，最大的资产是"希望"。人最大的力量是"心"之力，它是一切力量的源泉。只要希望在，一切皆有可能。一旦绝望，一切可能都将淹没在黑暗之中。人生的成败得失皆源于心：阳光的心态常引领幸福的生活，阴暗的心态常催生绝望的人生。

一位智者说过："人生不能无希望，所有的人都是生活在希望当中的。假如真的有人是生活在无望的人生当中，那么他只能是败者。"希望，它是坚韧的拐杖；它是驱走黑暗的烛火。它使身处黑暗的人看到了光明；使屡遭挫折的人看到了成功；使身处绝境的人看到了力挽狂澜的可能。相反，哀莫大于心死，绝望是魔鬼，它使一切可能都淹没在黑暗之中。

1969 年，美国作家约翰·肯尼迪·图尔终于完成了长篇小说——《傻子们的同盟》。尽管他对自己的这部作品非常满意，也非常有信心，命运却无情地嘲弄他。他带着他的作品四处去找出版商，结果都被一一拒绝了。

1970 年，精疲力尽的约翰·肯尼迪·图尔失望之极，实在无法忍受自己的小说不能出版的打击，最终饮弹自尽，结束了年仅 32 岁的生命。他在临死前留下了悲观厌世的遗言："我不仅对自己的作品绝望了，而且对整个社会也绝望了，像我这样绝望的人，也许只有一条路可以选择，那就是尽快死去，以摆脱这绝望的厄运。"

约翰的母亲，当时已是 79 岁的老人，她忍受着失去儿子的痛苦，叩开了一家又一家出版社的大门，尽管一次又一次地遭到拒绝，但她始终坚信：儿子在写作方面是天才，儿子的作品是伟大的。

老人就这样，叩开一家又一家出版社的大门，经过老人不懈的努力，在约翰·肯尼迪·图尔去世十周年之际，在经历了 18 家出版商的断然拒绝后，《傻子们的同盟》这部作品终于引起了著名小说家沃西·珀西的关注，并将其推荐给路易斯·安娜出版社。路易斯·安娜出版社的主编亲自审阅了这部作品。他被小说独特的构思和滑稽的语言所倾倒，当即决定：以最快的速度出版该作。

1980 年《傻子们的同盟》这部作品问世，并很快在广大读者中引起了轰动。1981 年，该作品获得了美国普利策小说奖。遗憾的是，约翰·肯尼迪·图尔本人已经无法亲自享受如此殊荣，甚至在临死之际连想都不敢想，自己曾被出版商无数次拒绝的作品能够获得大奖。

当媒体采访约翰·肯尼迪·图尔 89 岁的母亲时，她说了一句发人深思的话：在绝望中寻找希望的过程使我认识到——人生最大的破产是绝望，人生最大的资产是希望。

世界上没有绝望的处境，只有对处境绝望的人。生命是有限的，希望是无限的，生命是可贵的，生活是美好的。只要我们不忘每天给自己一个希望，我们将活得生机勃勃，激昂澎湃。

一个人不可能总是一帆风顺的，任何通向成功的道路上都布满荆棘，允满了无数的辛酸与艰难，但是只要我们不放弃人生的希望，那么我们就一定能够找到生命中的繁花似锦。

有一个年轻人，十分虔诚地信仰上帝。每次去教堂礼拜时，他都会向上帝祈祷，许下自己的心愿。直到这个年轻人长出了白头发，他依然坚持着自己年轻时的习惯。

一天，这个虔诚的信徒，在教堂门口遇到了一位神父，神父问他："这么多年，你一直虔诚地信仰上帝，每次来都会向上帝许下心愿。那么，你的愿望实现了多少呢？"

他回答说："第一年，我许愿，希望我的母亲能够病情好转，但是，六个月后，她永远地离开了我们；第二年，我许愿，希望我能够顺利考入大学，但是，我在考试前突然病倒，与大学无缘；第三年，我许愿，希望自己未来的妻子充满魅力，但是，我娶的妻子很平凡；第四年，我许愿，希望自己能够得到一个儿子，但是，妻子生的却是一个女儿……"

神父听了他的话，奇怪地问道："既然你的愿望从没实现过，你为什么还会如此虔诚，每年都来许愿呢？"

他回答说："我母亲虽然去世了，但是，在她最后的日子里，她从没恐惧过死亡，临终时，她很满足；我虽然没能考入大学，但是，后来给一个工程师做学生，学到谋生的本领；我的妻子虽然不漂亮，但是她聪明善良，是我的得力助手；虽然我没有得到儿子，但是我的女儿乖巧可爱，相信有一天，她会找到一个爱她的人。所以，虽然我的愿望没有一个彻底实现，但是，每许一个愿，都是我的一个梦想，它们让我对未来充满希望。而每一次我的愿望落空之后，我都会更加珍惜自己眼前的一切，这样，才能在不幸福的时候，永不绝望。"

这个年轻人的名字叫作马库斯，后来，他凭着对梦想的渴望与追求，成为了一家公司的董事长，而这家公司是拥有775家分店、15万名员工、年销售额达300亿美元的世界500强企业之一。

成就马库斯信仰与愿望的并不仅是上帝，还有他自己内心的希望。假如，他在年轻时失去了自己的梦想，对人生绝望，那么，绝不会有日后的企业家马库斯。

一队人马在没有人烟的沙漠中艰难地跋涉，他们已经在沙漠里走了很久。太阳不客气地释放着光和热，他们随身带的水已经不多了，随时都会有生命危险。走了长长的一段路后，大家都走不动了。这时，领队的老人从自己的背上解下一只水壶，对大家说："现在只剩下一壶水了，我们要等到最后一刻再喝，不然大家都会没命的。"

于是，他们继续无比艰难的旅程，而那壶水成为了他们心中唯一的希望。望着那沉甸甸的水壶，每个身体疲惫的人心中都有了一种对生命的信念：一定要坚持到旅程的最后一刻。但是，天气太炎热了，一个小伙子实在撑不下去了，他向老人乞求："老伯，让我喝口水吧。"老人生气地回答："不行，这水要等到最艰难的时候才能喝，你现在还可以坚持一会儿。"就这样，老人坚决地回绝了每一个想喝水的人。

眼看到了黄昏，大家发现领队的老人已经不见了，只有那个水壶孤零零地躺在前面的沙漠中，老人在沙地上写了一行字："我不行了，你们带上这壶水走吧，要记住，在走出沙漠之前，谁也不能喝这壶水，这是我最后的命令。"

大家抑制住内心的悲痛，继续向前出发了，而那只沉甸甸的水壶在每个人手里依次传递着，谁也舍不得喝上一口，因为他们清楚这是老人用自己的生命换来的。终于　他们走出了沙漠。喜极而泣之余，他们想到老人留下的那壶水，然而，打开了壶盖，却从里面流出了沙子。

人生在世，总要有所希望。希望是失败者对成功的一种渴求；希望是寒冬对春的一种向往；希望是优美动听的歌，希望是绮丽无比的小诗。没有希望的心田，是寸草不生的荒地，有了希望，前方便是鸟语花香，葱葱郁郁了。

【低头生气，不如抬头争气】

　　人的一生或多或少，总是难免有沉浮。人不管被生活的巨浪冲到什么位置，都不应看作是自己的终点，而应看作是起点，只要心中不绝望，就会有希望。

2.　危机之后就是转机

　　没有人愿意遭遇危机，但是，危机常常不期而至。危机中包含着"危险"，也包含着"机遇"，只是我们习惯性地只看到"危险"，而看不到"机遇"。

　　《道德经》："曲则全，枉则直，洼则赢，弊则新，少则得，多则惑。"明朝刘伯温说过："蓄极则泄，闷极则达，热极则风，壅极则通。"这些话无不在说明一个道理：危机发展到了一定的程度，转机也就出现了。

　　危机在我们的生活中是时时处处都存在的，随时都可能降临的。当然，有很多人在危机面前不知所措，犹豫着、彷徨着，似乎满是无奈。但也有一些人能比较巧妙地将危机变成转机，"危机之后就是转机"似乎早已成为他们的口头禅。

　　对生活充满信心的人往往都会发现，生活中有很多事情是可以相互转化的，坏事可能变成好事，好事也可能变成坏事。因此，他们在遇到困难、挫折、灾难时依旧保持着冷静，他们坚信这或许就是生命中的转机。

　　在美国亚拉巴马州恩特曾颖镇的公共广场上，矗立着一座高大的纪念碑。在碑身正面有这样一行金色大字：深刻感谢象鼻虫在繁荣经济方面所做的贡献。象鼻虫是何物？它是北美洲地区棉花田里的一种害虫。为什么亚拉巴马州要为害虫立纪念牌呢？

这源于一场灾难。

1910 年，一场特大象鼻虫灾害席卷了亚拉巴马州的棉花田。虫子所到之处，棉花毁于一旦，棉农们欲哭无泪。

灾后，世世代代种棉花的亚拉巴马州人，意识到仅仅靠种棉花是不行了。于是，人们开始在棉花田里套种玉米、大豆、烟草等农作物。尽管棉花田里还有象鼻虫，但根本不足为患，少量的农药就可以消灭它们。如此，棉花和其他农作物的长势都很好。结果收成表明，种植多类农作物的经济效益比单种棉花高出几倍。从此，亚拉巴马州的人再也不单单在田地里种植棉花，而在种植棉花的同时，大量种植一些其他的农作物。亚拉巴马州的经济从此走上了繁荣之路，人们的生活也越来越好。

亚拉巴马州的人们一致认为，经济的繁荣应该归功于那场象鼻虫灾害，遂决定在当初象鼻虫灾害的始发地建立一座纪念碑。

所谓"危机"，既包含"危"，更包含"机"，就像当年亚拉巴马州的人们因遭遇象鼻虫害而走上了经济繁荣之路一样。危机已经发生，不要叹息、不要沮丧，我们所要做的就是用心去捕捉危机中的转机，从而走向一个新的开始，走向更美好的未来。

每个人都希望自己的生命航程是一帆风顺的，谁都不愿意受到命运的愚弄，但在人生道路上，顺境和逆境总是交替出现的，在危机面前，人们常常有两种态度：一种是临危不乱、运筹帷幄，这种人是智者也是英雄；另一种是惊慌失措，主动放弃，从此走向失败。这两种态度造成了截然不同的两种结局：成功与失败。

李嘉诚的成功为人称道。当初李嘉诚担任长江实业有限公司总经理时，以生产塑胶制品的长江塑胶厂正面临倒闭的危机，作为公司的领头人，李嘉诚知道必须担负起"力挽狂澜"的重任，"扶大厦于将倾"。

面临倒闭，李嘉诚不认为它仅仅是危机，相反，他认为这是实行企业改革、探索新产品、开拓新市场，从而获得新生的有利时机。于是，面对危机，他不慌乱，不放弃，积极想办法。他走访荷兰、英国等国家，吸收新的管理模式，引进了许多新工艺，并且开发研制出了备受世人青睐的塑胶花。长江实业公司从此获得转机，并且东山再起，迅速发展起来。

命运在恰当的时刻告诉我们：困难越大，就越能成为迈向成功的垫脚石。在看似不可能完成的"危机"中，充分调动、开发自己的潜能，局面自然而然就会发生转换。如果没有那场濒临倒闭的危机，也许长江实业公司还会安于现状，也许还只是一个平庸的塑胶厂。危机激发了人的巨大潜能，催生了希望，带来了转机。

人的生命中总是避免不了会下雨，只要我们耐心，雨一定会停下来。我们要坚信：雨后的天空会更加美丽，雨后的彩虹更会让人眼前一亮。也许，当生活中出现狂风骤雨时，那就是幸福的前奏、命运的转机！

【低头生气，不如抬头争气】

当股市跌得最惨的时候，同时，也是入市的黄金时间；同样，当命运之神把人抛入低谷时，也是人生腾飞的最佳时机。面对危机，强者将危机变成转机，从而一路高奏凯歌；弱者却常常把危机变成万丈深渊，从而一蹶不振。

3. "绝处"总能"逢生"

常言道："天无绝人之路。"在漫长的人生路途中，我们都可能身处困境之时，遭遇穷途末路之境，但是一定要相信，上帝将一扇门关上，同时却打开了另一扇窗户，人生总有绝处逢生的出口。

俗话说："有山必有路，有水必有渡。"这是人世间亘古不变的真理。任何事情都是有底线的，都会有转机。当我们身处逆境时，我们不妨借助这种思维方式来宽慰自己，这样人生风景无处不在。

马丁住在城市的贫民区里。他和妻子有五个孩子，全家就靠马丁在超市打工的微薄薪水来维持生计。可最近，马丁赖以生存的小超市倒闭了，老板还欠了他三个月工资。马丁不得不开始疯狂地找工作。可一个月下来，马丁仍然一无所获，而且已经身无分文了。

这天早上，马丁正在睡觉，突然，孩子的哭闹声把他惊醒了，原来孩子们都饿了。他把家里所有的箱子和抽屉都翻了个底朝天，也没找到一点吃的，只找到几个硬币，数一数，正好两美元。他拿着钱急匆匆地出了门。

马丁本来想用这两美元给孩子买面包充饥，可走到小商店门外时，他却没有停步，嘴里念叨着："今天能找到两美元，那么明天呢？"他就像个傻子一样，一边念叨着，一边毫无头绪地继续往前走。也不知走了多久，突然，马丁眼前一亮，在一间彩票投注站门前停了下来。

马丁虽然没有买过彩票，可他却听说过不少中奖的新闻，尤其是一些走投无路的穷光蛋，用最后的一点钱买彩票而中了大奖的事，更是让他怦然心动。在这之前他一直相信，人一旦到了绝境的时候，往往就会有奇迹发生。可惜，自己并没有这样的机会。

马丁把手伸进兜里，紧紧地捏着那几个硬币，心想：我现在不是已经具备了发生奇迹的条件了吗？在投注站外站了半天，他还是坚定地迈步走了进去。

天无绝人之路，最终以赌一把的心态，他中了。这是他在失业、贫病交迫的情况下走投无路时做出的人生中的一个选择，用最后的两美元买了一注彩票，中得 800 美元。

马丁接过老板给他的 800 美元，感动得哭了。后来，他用这些钱挺过了人生中最艰难的日子，直至重新找到了工作。

现实生活中，当我们身处绝境之中，一定要转变心态，不要将自我禁锢在眼前的困苦中，要看到绝境处总有一条得以逃脱的道路，一个绝处逢生的出口。

人生没有真正的绝境，在任何情况下，只要内心充满信念，便能重新寻找到希望。

1933 年，经济危机笼罩着整个美洲大陆，大小企业纷纷破产，许多曾经威风一时的老板都加入到靠领取救济金度日的行列中。那些尚在运行着的企业也是如履薄冰，小心翼翼地做每一件事，唯恐出现一点小的纰漏而导致整个企业崩溃。

就在这危机重重的时刻，哈理逊纺织公司发生了一起大火灾，整个厂区沦为一片废墟。3000 名员工悲观地回到家里，等待着老板宣布公司破产和失业风暴的来临。

在漫长的等待中，他们终于等来了老板发来的一封信，信中没有提任何条件，只通知在每月发薪水的那天，照常去公司领取这个月的薪金。

在整个世界一片萧条的时候，能有这样的消息传来，员工们大感意外，他们纷纷写信或打电话向老板表示感谢。老板亚伦·博斯告诉他们：公司虽然损失惨重，但总有一天会好起来。

3000名员工一个月的薪水该是多么大的一笔款项呀！纺织公司已经化成一片废墟，别说是处在经济萧条期，就是放在经济上升期也很难恢复元气。既然恢复无望，还要掏自己的腰包给已经没有用的工人发工资，老板不仅是糊涂透顶，简直是疯了！

可亚伦·博斯并不在乎人们对他的评价，一个月后，正当员工们为下个月的生计犯愁时，他们又收到老板的第二封信，信上说再支付员工一个月的薪水。

3000名员工接到信后，不再仅仅是意外和惊喜，而是感动得热泪盈眶了。在失业席卷全国，人人生计无着，上着班都拿不到工资的时候，能得到如此的照顾，谁能不感念老板的仁慈与宽待呢？

第二天，员工们陆陆续续走进公司，自发地清理废墟、擦洗机器，还有一些人主动去南方联系中断的货源，寻找好的合作伙伴。

三个月后，哈理逊公司重新运转了起来，这简直就是一个奇迹。

世界上没有真正的绝境，只要不放弃，就会发现希望就在失意的拐角处等你。

在这个世界上没有真正的绝境，再荒凉的土地，也会变成生机勃勃的绿洲。为此，在奋斗的过程中，当我们遇到困难时，一定不要尽早让自己的心灵枯竭，将心中的梦想熄灭。

【低头生气，不如抬头争气】

人生路途中总有那么几步异乎寻常的艰难和苦楚，但人类从来不惧怕困难，怕的是没有绝处逢生的信念和舍我其谁的信心。所以，当我们身处绝境时，我们不但要有一颗必胜的信心，更要有绝处逢生的勇气，舍我其谁的锐气。

4. "机遇"与"挑战"并存

在我们的成长路上，困难与希望同在，机遇与挑战并存，风险总是与机遇、成功相得益彰的。我们唯一要做的就是，抓住机遇，勇于接受挑战。

成功需要机遇，前进必临挑战。机遇和挑战并存于我们的人生之中，想要把握住机遇，就要敢于迎接挑战。唯有这样，我们才有信心迎接明天，迎接我们多姿多彩的未来人生。

蔡云畏，驾驶小飞机飞越太平洋的第一个中国人，也是第一个东方人。

1984 年，蔡云畏驾驶着"华侨精神号"小飞机，用 35 小时飞跃 7312 海里的纪录打破了 1927 年美国人柏林创下的用 32 小时飞跃 3610 海里的距离，单人单引擎飞机飞越太平洋的世界纪录。他的成绩，已被载入《世界航空纪录大全》，至今仍无人超越。

驾驶单人单引擎飞机飞越太平洋是许多探险运动家的梦想，但由于小飞机的载油量是有限的，要想飞越太平洋，中途必须加油，而飞机失事 70% 发生在降落过程中，单人单引擎飞机起飞比降落更危险，使得几十年过去了，还没有人为这一梦想付出行动，谁也不敢用生命来赌一把。

蔡云畏敢。这位中国人证实了黄种人不仅仅是探险家运动的"追随者"。在颁发证书的记者招待会上，他阐述了自己成功的秘诀：自从飞机起飞的那一刻，我就斩断了自己的退路，让自己置身于命运的悬崖之上。正是面临这种后无退路的境地，我才会集中精神奋勇向前，从身后中争取属于自己的位置。我们常在付诸行动之前就为自己设计好后路了，这好比自己先打倒自己，任何失败都是从此开始的。

在追求成功的过程中，风险是无处不在的。一个人要想成大事，所面临的风险是长期的、巨大的和复杂的。一个人由小到大的过程，就是斗智斗勇的过程，是风险与机遇并存的过程。人生随时都有可能触礁沉船，但是，如果在风险中，你若能冷静地做出分析和判断，最终抓取机遇，就能获得成功。

美国电影界的"华纳四兄弟"就是敢于冒险、不怕失败的强者。他们出生在一个并不富裕的家庭，他们的父亲做过修鞋匠，开过杂货店，卖过去除水垢的厨房用品，为了生活而四处迁徙。他们从小就开始经营一些小生意。

1904 年，兄弟几人合伙搞了一架电影放映机，从此之后，他们便与电影结缘。在 1912 年，他们迁居美国以后，虽然几经失败，大起大落，但仍旧不灰心，在 1927 年终于成功地摄制了电影史上第一部有声电影《爵士歌手》，华纳兄弟影片公司从此蜚声世界。

如果说机遇是通往成功的那扇大门，那么挑战是成功之门前的台阶。机遇中充斥着挑战，挑战中也包含着机遇。如果你有信念，如果你有目标，如果你已经奋斗过努力过，那么，在最危急的时候，也许就是希望的曙光升起的最佳时刻。

【低头生气，不如抬头争气】

在任何时候，风险总是与机遇、利益相得益彰的。良好的机遇从来不会以一种一帆风顺的姿态出现，而是总戴着烦人的面具出场。要想成功，一定要有"与风险亲密接触"的勇气。如果你缺乏抵抗风险的勇气，则会与成功无缘。

5. 在失败中发现成功的契机

失败就像一条河,不怕河中巨浪滔天,不怕在渡河中淹死,才可能游到成功的彼岸,但有些人却容易忘记在失败的大河中泅渡的必要。失败是成功之母,我们只有在失败中汲取经验和教训,才能反败为胜。

成功是在不断地失败和探索中发现的,一个真正的聪明人,善于从失败中汲取经验教训,从而抓住成功的契机。犹太人认为,每个人都不可能避免失败,在失败的面前,我们要保持清醒的头脑。现实生活中,虽然很多人已经丧失了他们的一切,但他们并没有失败,因为不介意失败,他们能从失败中发现成功的契机,从而走向成功。

保罗·道弥尔是美国著名的企业家,他的经商之道跟别人大不一样,他专门收购面临危机的企业,但这些企业经过他的整顿,都能起死回生,因此,他的生意异常火爆。

他的创业之路是这样的。1948 年,21 岁的保罗·道弥尔离开了祖国匈牙利,来到美国。当时,他什么都没有,唯一的资本就是一个强壮的身体。

当时在美国找一份勉强度日的工作并不难。但是保罗·道弥尔来美国的目标并不是这些,他并不会满足这样,他要向更高的目标迈进。在不到一年的时间里,他竟然换了差不多 20 份工作。他之所以这么做,是因为他希望能够对美国社会有更深更进一步的了解,以便自己能够很好地成长起来。

最后,保罗·道弥尔决定在一家制造日用化妆品的公司上班。他工作极其努力，老板很是看重他。于是很快，保罗·道弥尔被提拔为这家公司的工厂主管，每周的工资也由原来的 30 美元上升到了 195 美元。这个数字在当时可以说是中产阶级的收入了，但他的追求并不是这个，他要朝着更大目标去迈进，毕竟这是个小公司，能学到的经验较少，于是，他决定辞职，做起了推销员。

他做推销员之后，视野果然开阔了许多。他在同各种顾客打交道的过程中，锻炼了交际能力和技巧，丰富了销售产品的经验，学会了如何去洞察和分析顾客的心理，同时也对当地的风土人情有了一个更深的了解，这对于一个来自外乡的青年人来说，无疑又积累了一大笔无形的财富。仅用两年时间，道弥尔便用自己的心血和才智编织了一个庞大的销售网，成为当地最富有的推销员。

正在这时，道弥尔做了一个惊人的决定，他高价买下了一家濒临破产的工艺品制造厂，同时拥有 70％的股份，于是他决定对这家公司按自己的想法改革。

道弥尔首先从生产和销售两个环节实行整顿。他认为，生产环节方面要降低成本、提高效率、减少开支。他辞去了一部分对工厂的前景失去信心的员工，而对留下的员工，则增加他们的工作量，提高他们的工资。销售环节方面，因为是工艺品，他废止推销办法，改为推销制度；提高产品价格，保持合理利润；加强销售服务，提高工厂信誉。公司的效益一下子就提高了，完全改变了公司以前的面貌，而且效益越来越好。

后来，他又陆续收购了一些濒临破产的企业，都是这样使公司大有改观。

于是，很多人感到奇怪，就问他："你为什么老喜欢买下一些快要倒闭的企业来经营呢？"

保罗·道弥尔的回答非常巧妙："别人经营失败了，接过来就容易找到它失败的原因，只要找出造成失败的缺点和失误，并把它纠正过来，就会得到转机，也就会重新赚钱。这比自己从头干起要省力得多。"

因此，同行企业家们称保罗·道弥尔为企业界"神奇的巫师"。

保罗·道弥尔是成功的。这告诉我们失败是成功最好的契机。只要我们重新定位，寻找解决问题的方法，最终就能获得成功。

王安石曾写道："而世之奇伟、瑰怪、非常之观，常在于险远，而人之所罕至焉，故非有志者不能至也。有志矣，不随以止也，然力不足者，亦不能至也。有志与力，而又不随以怠，至于幽暗昏惑而无物以相之，亦不能至也。然力足以至焉，于人为可讥，而在己为有悔；尽吾志也而不能至者，可以无悔矣，其孰能讥之乎？此予之所得也。"一个人要想成功，就必须要有勇气，敢于直面失败，承认失败，吸取经验教训，改正错误，从而得到鲜花和掌声。

> **【低头生气，不如抬头争气】**
>
> 卡耐基说："成功者与失败者最大的差异，在于成功者会设法中失败中获益，再尝试别的方法。"一个想要成功的人，必须敢于犯错，犯错后及时转身，勇于更正自己，从错误中吸取经验教训，在失败中发现成功契机。

6. 盛极而衰，否极泰来

盛极而衰，否极泰来，事物繁盛到了极点，就要衰败，厄运到头了，好运就来了。

《易经》里有天地"否"卦，卦象为乾上坤下，否就是坏的意思，倒霉了的意思。然而一旦卦象反转，乾下坤上，阴柔在上在外，阳刚在内在下，就是地天"泰"卦，就是好的意思。这就是后来的"否极泰来"。《易经》对于这样的卦就叫作综卦，也就是反对卦，每一个卦，都有正对反对的卦象。这就说明天地间的人情、事情、物象，没有一个是绝对固定不变的，都可以转化。

没有人把入狱服刑看作是机会，但欧·亨利却把囚室改成了写短篇小说的书房。他的小说全球行销数万册，几乎各国都有译本。

欧·亨利一生经历曲折，命运总是跟他开玩笑，霉运与他一路相随。少年时他贫穷又多病，从来没有受过高等教育，任职于一家银行做会计，督察来考核时发现库中缺少了钱，欧·亨利确实没有偷钱，但法律无情，他只得逃亡到美洲。一年后，由于妻子病危，他不得不冒险回去探视，但不幸的是他被捕入狱。

在狱中无聊的生活使他无比厌倦，他决定找点事情做，来打发无聊的时间，由此他开始写小说，在狱中服刑期间，他一共写了12部。出狱后，他便一发不可收拾，他继续写短篇小说，他的作品充满高级趣味，布局离奇，没有人能猜得到结局。书一经出版后，欧·亨利也一举成名。

在岁月的长河中，我们每个人都会遇到一些令人不快的情况或麻烦的事情，在这个时候，与其悲伤难过，不如乐观地接受它并且适应它。这样就可以利用自己的积极乐观来淹没那些不幸，最终让这种不幸转变为一种幸运的事情。

一位芭蕾舞演员因为长期而艰苦的训练使脚变形了，大家都为她感到惋惜，因为她如此曼妙的身材却有一双如此沧桑、丑陋的脚。大家都认为这将是她舞蹈生涯的终点，而她却笑着说："一穿上这双舞鞋，我便根本无法停下来！这双脚越来越丑，就代表我离成功不远了！"

最终，她凭借自己的毅力成为了世界上顶级的芭蕾舞演员。

厄运是幸运的奠基石；厄运给人奋斗的动力；厄运给人成长的机会；厄运是上苍的礼物；厄运可以让你重获新生；厄运的极点是好运。19世纪英国作家狄更斯在《双城记》中曾说过："这是一个光明的时代，也是一个黑暗的时代；这是一个充满希望的时代，也是一个令人绝望的时代。"花开花谢，自有轮回；人生百态，世事难料。世事不能永远美好，天空也不会永远阴霾，骤雨过后总是晴天。

> **【低头生气，不如抬头争气】**
>
> 当人们处于人生的低处时，总是悲观失望，痛苦决绝，殊不知，否极泰来，这也即将使你步入另一个美丽的春天。

7. 失败，不过是重头再来

受挫一次，对成功的内涵则透彻一次；失误一次，对生活的醒悟就增添一次；不幸一次，对世间的认识就成熟一次；磨难一次，对人生的理解就加深一次；失败一次，对成功的障碍就减少一次。成功只是一个"错了再来"的过程，成功者之所以成功就在于敢于失败，敢于重头再来。

人的一生本来就是由成功和失败相互交织组成的，没有人不会失败，但世界上也没有永远的失败，失败只是过程而非结果，只是暂时的不成功。成败之间的转换只在瞬息之间，看似成功与失败位于人生天平的两端，其实二者又近在咫尺，就看你是否具有面对事实重头再来的勇气。

爱迪生是20世纪最伟大的发明家，可是，他的伟大成就，是经过无数次挫折历练出来的。

一次，由于实验室里的一些化学用品保管不当，引发了一场大火，使得爱迪生的试验品、实验成果全部化为了灰烬。热浪掀起了他的白头发，他隐藏着内心的悲伤，平静地望着这场大火，还高兴地说："这次大火烧掉了我所有的错误！我一定要重头再来！"

没过多久，一座更大的实验室坐落在原地。爱迪生望着他的实验室笑了……

"人生没有失败，只不过是重头再来。"《感悟人生》中如是说道。自古成者王败者寇，其实成败只不过是一时的结果。人生是个过程，关键在于你追求的过程是否让你感到满意，如果你因为一时的挫折而放弃希望，那么你永远成为了一个失败者。

1958年，富兰克·卡纳利为了筹集他的大学学费，开了一家比萨饼店，但是令他没有想到的是，比萨饼店不仅为他赚足了学费，还成就了他今后的事业。

就在比萨饼店的生意十分火爆的时候，卡纳利准备在俄克拉荷马州开设分店，但是这一次尝试却失败了。之后，他又将比萨饼店开往纽约，但销售业绩还是不尽如人意。

这几次失败并没有让他失去信心，他从中分析了失败的原因，知道了店面装潢要因地制宜，比萨风味不只有地方风味儿种，在调查了不同的装潢风格和品尝了不同的比萨口味后，他决定重头再来，这一次，卡纳利在事业上获得又一次腾飞。

卡纳利的比萨店就是如今风靡全球的比萨连锁店——"必胜客"。

卡纳利说，"我的成功是经过一次次失败之后积累起来的，因为失败让我从中学到了宝贵的经验"。他对那些想创业的年轻人们说：

"你必须学习失败。我做过的行业不下50种，而这中间大约有15种还做得不错，那表示我大约有30％的成功率。可是你总是要出击，而且在你失败之后更要出击。你根本不能确定什么时候会成功，所以必须先学会失败。"

花儿和人都会遭到各种不幸，但是生命的长河是永无止境的。遭遇挫折，是不可避免的。失败不可怕，可怕的是不敢重头再来。每个人都不会永远停留在失败的道路上，"必胜客"创始人卡纳利说："当错误发生时，令人莫名痛苦，但经年累月之后，这些错误，被我们称之为经验。"失败，只不过是让我们从失败中汲取经验之后重新再来，是更明智的起步机会。只要我们不懈努力，汲取教训，总结经验，变被动为主动，总有一天成功会来敲门。

> **【低头生气，不如抬头争气】**
>
> 没有人能够永远成功，也没有人永远失败；世界没有失败，只有暂时的不成功。在人生的博弈中，"失败"只是一粒小小的棋子，而"重头再来"则是点燃成功的火焰，在一次次"错了再来"的过程中，一粒粒"失败"最终助我们走向胜利的终点。

8. 有失必有得

失去了灿烂的朝霞，我们便得到了辉煌的夕阳；失去了甘甜的琼浆，我们便拥有卧薪尝胆的希望；失去了春天动人的鲜花，却能在秋天拥抱甜美的果实……世界上没有绝对的失去，换个角度，失去也是一种获得。

世界上的任何事物都是辩证统一的，物质消灭只是转化了而已，因此任何事情都是有得必有失，有失必有得。

燕子去了，有再来的时候；杨柳枯了，有再青的时候；桃花谢了，有再开的时候。四季的更迭正如人生的得与失，在自然规律的调和下，很多东西你在得到的同时也会失去，在失去的同时也会得到。

因此，生活中，我们没必要因得到而狂喜不已，也没有必要因失去而悲伤不止，把握好自己的心态，用平常心看淡身边的得与失。

东汉大将冯异，失之东隅，收之桑榆；韩信忍一时胯下之辱，最终成为大将军，他失去一时的尊严，但得到了后人"大丈夫能屈能伸"的称赞；司马迁失去了做男人的尊严，却换来了"史家之绝唱，无韵之离骚"的《史记》。布鲁诺坚持自己的科学信仰，被判火刑，他失去了生命，却得来真理和赞颂；贝多芬失去听觉，海伦·凯勒失去光明，却铸下了令人流连的不朽经典……

上天对每个人都很公平，在带来苦难的同时，不忘带来幸福，在遮住明月的同时，会点亮群星。

人生有得有失，聪明的人懂得放弃与选择，幸福的人懂得牺牲与超越。能安于真实拥有，超脱得失苦乐，这便是一种至上的人生境界。

战国时期，塞外住着一位老翁。老翁养了很多马，一天，他的马群中有一匹马走失了。在边塞，马是最重要的交通工具，也是贵重的财产。于是，邻居们知道这件事后，都纷纷劝他去把马找回来，同时也叫他看开点。

然而，老翁并没有去找马。也没有为失去一匹马而伤心，他对大家说："丢了一匹马没什么，没准还会给我带来好运呢。"

邻居们听了塞翁的话都觉得好笑："丢了马明明是件坏事，他怎么就说成是件好事呢？这分明是在安慰自己罢了。"可是没几天，丢失的马竟然自己回来了，还带回了一匹邻国的骏马。

没过多久，老翁的儿子在骑马的过程中，不小心摔断了腿。邻居们听说了，又纷纷前来安慰他。老翁依然平静地说："没什么，腿摔断了却保住了性命，或许是件好事。"邻居们觉得老翁糊涂了，摔断了腿哪会带来什么福气。

可没过多久，邻国大举入侵，青壮年都被征召入伍，结果很多人战死沙场，而老翁的儿子由于腿断了，没有被征召，也因此保全了性命。

老翁之所以不在乎丢失的马，就是因为他懂得，失去并不一定就意味着真的失去，反而有可能给自己带来好运。

老子曾说："同于得者，得亦乐得者；同于失者，失亦乐失之。"这就是说，你得到了应该得到的东西，必然失去了必然失去的东西。乐于得必乐于失，有失才有得。因此，我们没有必要在得失之间做无谓的挣扎。

人生路上，我们只有将自己的内心放空了，不过于计较得失，不患得患失，才能让心灵超脱，轻装上阵，最终获得成功。

> **【低头生气，不如抬头争气】**
>
> 失去春天的葱绿，得到的是丰硕的金秋；失去青春的岁月，却能使你走进成熟的人生；失去了美酒佳肴，却拥有了野味甘泉。因此，面对得与失、成与败、荣与辱时，我们都要坦然对待。不要太过认真、太过计较得失，人生才能过得更加洒脱。

9. 笑到最后才是最美

如果怕夜太长，那你肯定看不到黎明的第一缕曙光；如果受不住风雨，那你肯定看不到斑斓的彩虹；如果不能笑到最后，那你肯定看不到闪耀的光芒。人生取决于你的思想，心是快乐的藤，清扫心灵，在绝望处抓住快乐，放宽心窗的尺度、摆正自己的心态，给乌云镶上金边，穷途未必是绝路，绝处也可逢生。

笑很平常，却也可贵。笑是春天里的一朵鲜花；笑是盛夏里的一滴甘露；笑是金秋里的一枚硕果；笑是寒冬里的一缕阳光。无论你现在面对的是怎样的生活景况，无论生活带给你的是什么样的痛苦和忧愁，请记住：微笑着面对生活，生活才会在你的面前展现出一片豁朗的天空。

威廉·怀拉是美国一位享誉盛名的职业棒球明星，40 岁那年因体力不支而告别体坛另求出路。他琢磨着，凭自己的知名度去保险公司应聘推销员应该没有多大问题。可事情进展并不如他所愿，人事部经理拒绝道："吃保险这碗饭必须笑容可掬，但你做不到，无法录用。"

面对冷遇，丝毫没有打击到威廉·怀拉的自信心，他下决心像当年初涉球场时那样从头开始苦练笑脸。他每天都在客厅放开声音笑上几百次，以致邻居们都认为失业对他刺激太大，以至发起神经来。为此，他只有把自己关进厕所里练习。

过了一个月，威廉·怀拉再一次跑去经理办公室，当场展开笑脸，然而得到的却是冷冰冰的回答："不行，笑得不够。"

威廉·怀拉没有失望，于是他到处搜集有关迷人笑脸的名人照片，然后贴在房间里，随时进行揣摩模仿。同时，他也购买了一面镜子，以对自己的笑脸随时检查和更正。一段时间后，他又来到经理办公室露出了笑容，这次经理的回答是："有进步，但吸引力不大。"

回到家中，威廉·怀拉继续练习起来。一次，他在路上遇到一个朋友，非常自然地笑着打招呼。对方惊叹道："怀拉先生，一段时间不见。你的变化竟然是这么大，和之前判若两人了！"听完朋友的评价，威廉·怀拉充满信心地再次去拜访经理，笑得很开心。

"你的笑是有点意思。"经理指出，"然而还不是真正发自内心的那一种。"

他不气馁，再接再厉。再一次走进经理的办公室时，他终于如愿以偿，被保险公司录用了。

这位昔日脸上最严峻的体坛明星，绽放出发自内心的婴儿般的笑容，是那样的天真无邪，如此地讨人喜欢，令顾客无法拒绝。靠着这张并非天生而是苦练出来的笑脸，威廉·怀拉成为全国推销保险的高手，年收入突破百万美元。

任何人都有热情，所不同的是，有的人只有 30 分钟的热情，有的人可以保持 30 天，而一个成功者却能持续 30 年直至终身。热情是一种巨大的力量，要想成就一番事业，离不开热情这个原动力。它能使人具有钢铁般的意志和顽强的毅力。正因为如此，怀特在重重阻力和各种困难面前才能百折不回，笑迎挫折和失败，最后抵达成功的彼岸。

"二战"时期，一位叫伊丽莎白·唐莉的母亲，收到了一封从前线发来的电报，她的独生子牺牲在了战场上。儿子是她唯一的亲人，是她平生的依靠，也是她后半生的寄托。面对儿子的牺牲，她的精神几乎崩溃，她无法接受这个事实，觉得整个天都快塌了。

从此以后，她觉得活着已没什么意义，决定放弃工作，远走他乡，找一个没有人认识自己的地方了却自己的余生。

然而，就在她即将要离开的时候，收拾行李时，她突然发现了一封从未开启的信件，那是儿子在刚刚达到前线后写给她的信。她激动地拆开信，看着儿子这样写道："请妈妈放心，我永远都不会忘记你对我的教导。无论我在哪里，也无论遇到怎样的灾难，我们都要勇敢地面对眼前的生活，像真正的男子汉那样，用微笑去承担一切的不幸与痛苦。我将会永远以你为榜样，心中永远地保留着你的微笑。"

当她读完这封信的时候，已是泪流满面。然后，她下意识地将这封信读了一遍又一遍，似乎发现儿子就在她的身边，并且用那双炽热的眼睛望着她，并关切地问道："亲爱的妈妈，你为何不按照你教我的去做呢？"

就在这个时候，背井离乡离开人世间的念头一下子从她的脑海中清除了。她对自己说："告别痛苦的手只能由自己来挥动，我应该像儿子所说的那样，用微笑来填埋痛苦，继续快乐和自由地生活下去！我不能让我的人生在最后的几年被痛苦所埋葬！"

从此以后，伊丽莎白·唐莉开始以新的姿态去面对生活，并开始创作，最终成为美国有名的作家。

很多时候，我们之所以或过分沉浸于不幸、挫折和磨难的悲伤中，之所以会对它们心存怨恨，之所以看不到太阳，是因为我们不能够转换自己的心态，看到事物积极的一面。其实，遇到不可改变的事实，与其沉溺于痛苦之中，不如怀着一颗感恩的心去对待，以微笑将痛苦掩埋，这样才能让我们的生命焕发出最丰富多彩的色彩。

【低头生气，不如抬头争气】

古诗有云："沉舟侧畔千帆过，病树前头万木春。"再厚的乌云，背后都有一片蓝天；再苦的日子，也蕴藏着快乐的因子。生活虽然是残酷的，可路是人走出来的，只有一个人将理想、信念坚持到底，才是最美的。

10. 能笑为什么去哭

人生注定有许多与生俱来的东西，无论你多么羡慕另外一种人生，但那不是你的。苦恼没有用，忌妒没有用，唯有面带微笑，心灵就永远不会荒芜。生活的智者是不会让周围的环境来左右自己的情绪，进而统治自己的生活。他们之所以快乐，是因为他们懂得快乐的重要，他们认为与其哭着过，不如笑着活。

哭与笑是人生中的两种常态，一种代表痛苦、阴郁，一种代表快乐、阳光。一个人是烦闷多于快乐，还是快乐多于烦闷，反映出他的生存质量。

有个人在即将离世时，流着眼泪问造物主："当我降生时，你赐予我哭，当我回去时，你又赐予我哭，为什么？"

"难道你这一生，没有笑过？"造物主反问道。

"当然笑过：小时候为得到一块小小的糖果笑过；读了书为不易得到的一个好分数笑过；长大了为爱人甜蜜的吻笑过；为人父母了，为婴儿第一声啼哭笑过；漫长的日子里为每一份快乐笑过。可是，我这一生中，也哭过很多次呀，为一份伤害、为一种打击、为几多失落、为几许烦恼……"人这样回答。

"那么，你有没有比较一下，在一生分分秒秒积累起来的日子里，是哭的次数多还是笑的次数多？"造物主又问。

"那当然是笑多于哭。"人沉默了一会儿，把一生中所有的苦乐放在一起掂量，无论是欢乐多于痛苦，还是痛苦大于欢乐，或者是等量齐观打个平手，都不能否认这一点。

"那么你该明白，无论是欢乐还是痛苦，只要一生中笑多于哭，人就会对人生有所留恋，正因为不舍，才会有临终的眼泪。没有生，何有死？没有哭，焉为笑？而降生时赐予你哭，正是为你一生中学会笑做准备。有了哭做人生的底色，以后的笑才能显现。如此，人生的两哭是合理的。"造物主如是说。

生活需要微笑。记得伏契克曾写过一句格言："应该笑着面对生活，不管一切如何。"人不能决定生命的长度，但可以扩展生命的宽度；人不能改变天生的容貌，但人可以时时展现动人的笑容。没有一种生活是完美无缺的，也没有一种生活能让一个人完全地满足，一个人对生活的看法会决定他的一生，甚至能决定一个人的命运，毕竟对这个世界而言，万事万物就像一个万花筒，你怎么去看，就会有这样的结果。

在美国加州一个大农场的山丘上面有一间特殊的房子，这所房子是完全用自然物质搭建而成的，里面不含任何有毒物质，就连里面的空气都是工作人员灌注的纯净氧气。这座房子的主人诺斯平时只能依靠传真与外界进行联系。那么，诺斯为何会过这样与普通人不同的生活呢？

事情要回到 20 年前，诺斯在拿起家中的杀虫剂灭虫的时候，突然感到全身一阵痉挛。她原本以为那是身体暂时的一种症状，却不料，杀虫剂内的化学物质破坏了她全身的免疫系统。从此以后，她就对一切能散发出气味的东西十分敏感，就连吸入一点空气都有可能患上支气管炎。

自从患了这个病以后，诺斯承受了常人难以想象的痛苦。但是为了能够继续生活下去，她的丈夫以钢和玻璃为材料，为她盖了一个无毒的空间，一个足以逃避所有外界有味物质威胁的"世外桃源"。诺斯日常所吃的、喝的要经过仔细地选择与处理，她平时只能喝蒸馏水，并且吃的食物中也不能含任何的化学成分。

在那个"世外桃源"中生活了八年。期间，诺斯没有看见过一棵花草，也没听到过悠扬的声音，更感觉不到阳光、流水。她只能躲在无任何饰物的小屋里，饱受孤独之苦。她还不能放声地大哭，因为她的眼泪也和她的汗水一样，随时都有可能成为威胁她生命的毒素。

"不能痛苦，那就选择微笑吧！"坚强的诺斯这样对自己说。事已至此，自暴自弃和痛苦只能毁灭自己，生活在这个寂静的无毒世界里，诺斯感到很充实。因为她不仅要与自己的精神抗争，还要与外界的一切有味的物质相抗争。因为她不能流泪，只能选择微笑。

十年后，诺斯在孤独中创立了"环境接触研究网"，主要致力于化学物质过敏症病变的研究。随后，她又与另一个组织合作，创办"化学伤害资讯网"，主要是倡导人们避免威胁。目前，这家资讯网已经有五千多名来自三十多个国家的会员，不仅每月都发行刊物，而且还得到美国国会、欧盟及联合国的支持。

其实，快乐是一种心态，这种态度决定了你的境界，不能痛苦，就选择微笑，能笑我们为什么选择去哭呢？

生活是一面镜子，你对它哭泣，它也会给你摆出苦脸；你对它微笑，它便会对你展开笑脸。向生活微笑，生活就会对你微笑；向别人微笑，别人也会报之以微笑，一个自始至终微笑着的人生，那肯定是最美丽的人生。无论多苦，都试着给生活一个微笑，保持乐观向上的心情，你才能乘风破浪，尽快突破困境。

【低头生气，不如抬头争气】

　　世界不会因为你的哭而改变方向，但你的人生一定会因为你的笑而改变轨迹。生活难免百般纠结，坦然迎接，即使有 100 个哭泣的理由，我们也要找出 1000 个理由去微笑，能笑我们就不要选择去哭，让生命之花永远在春天里绽放。